U0033409

一本專屬於毛小孩
結合星座與靈性的全方位個性書
毛小孩這樣想
張芳瑜 著
特別收錄西餐名師周景堯師傅，為每個星座的狗狗與毛爸
媽設計的親子食譜菜單，讓大家吃得營養、健康又開心！

作者序

學會占星後，發覺這是一個很有用的工具，能夠幫助瞭解自己與他人，發現潛力、明白今生的課題，許多自身的情緒、思維、反應，都可以從星盤上看出來，也能夠達到自省與提早知道的目的，讓自己變得更好。

現今社會大家越來越少生小孩，反而有毛小孩的人越來越多，每個毛小孩都有屬於自己的出生日期、獨一無二的生命、與眾不同的個性特質，牠們有自己的想法，對毛爸媽也有各種不同的看法與期待。我相信每一個愛自己毛小孩的人，一定會想要知道，「我的寶貝到底是怎麼樣的一個孩子？牠在想什麼？該怎麼讓我們相處的更好？」知道的方式，可以透過寵物溝通，也可以透過寵物占星，而我是一名動物溝通師，也是一名職業占星師，所以這本書就這樣誕生了。

《毛小孩這樣想》裡的「毛小孩」會以狗狗為主，當然你也可以從我寫的星座個性及特質去對應自己的其他寵物。整本書的內容包含了你的星座個性、毛小孩的星座個性、身心健康，不同星座的毛小孩與不同星座毛爸媽相處的狀況及建議，還有用「宇宙同步通靈解析」的方式，讓不同星座的毛孩子，表達牠們想對自己的毛爸媽所說的話，最後則是非常感謝經國管理暨健康學院餐旅管理系周景堯主任 Andy 師傅，親自為 12 個星座狗狗們、毛爸媽們所專門設計的鮮食菜單，最後則是附上一個小小的附錄，跟大家說說寵物溝通的小小故事及毛爸媽對寵物溝通的想法，並為大家介紹「愛的黛芙妮宇宙學校」。

希望這本書能讓你越來越懂你的毛孩子，可以在你們之間取得一個平衡點，當你知道牠為何而搗蛋或牠的真實時，也許就不會那麼容易生氣暴怒了，我自己家裡養了兩隻狗──Hito 跟曼斗（簡稱雙斗），牠們很頑皮，很愛搗蛋，每天都出功課給我做，甚至會欺負我（好像把我當成同類），在撰寫這本書的時候，我常常會想到牠們，覺得又好氣又好笑，但許多因為牠們闖禍的怒氣也真的默默消失了。

毛小孩是一輩子的家人，每天早上起床看到牠們，都讓我覺得世界既美好又可愛（當然也有可怕），生命是有限的，我們無法陪伴彼此一輩子，所以我很珍惜現在相聚的每一天，也希望自己真的能夠瞭解牠們，懂牠們，帶給牠們很多快樂。

這本書獻給所有愛毛小孩的你們

能夠相遇，都是一種很特別緣份

願大家都能夠珍惜和毛孩子相處的每一刻

張芳瑜

Grace

推薦序

經國管理暨健康學院 餐旅管理系副教授暨系主任 周景堯

給毛小孩的鮮食譜，沒有錯！ Andy 師傅接受「愛的黛芙妮宇宙學校」張芳瑜 Grace 邀約，將為狗狗毛小孩設計 12 套星座的鮮食食譜。

料理是一種可以表達自我及抒發的藝術。一道用心烹調的料理，品嚐者絕對品評得出料理人的情感及愛心的感動。從加拿大多倫多求學廚藝階段、到業界希爾頓飯店及香格里拉遠東飯店主廚及現職經國學院餐旅系主任，這 25 年我對烹調料理熱情始終沒改變。對於食譜菜單研發、菜色配方改良，也有不少經驗，如：設計銀髮族食譜、開發法鼓山社大西餐素食課程、國科會科普計劃—營養與美食研發「ㄐㄧㄤˋ吃就對了」華視教育電視節目。而為毛小孩研發鮮食譜 (給狗狗吃的)，真的是第一次，很有挑戰。

在規劃 12 星座食譜，按照作者 Grace 建議，選用適合天然食材，以簡單烹調方式，做出具膳食營養、不添加人工調味、對狗狗身體無負擔的健康鮮食。遠離高級昂貴飼料，讓毛寶貝吃得更健康。

狗狗的鮮食比例：肉類、蛋奶類 (動物性蛋白) 60~70%；穀類 10~15%；蔬果與根莖類 (蔬菜打碎破壞纖維較好消化) 30%。

狗狗不能吃的東西 : 蔥類 (長蔥、洋蔥、韭菜、紅蔥頭、辣韭、細青蔥)、辛香料 (辣椒、胡椒、芥末、七味辣椒粉)、高鹽份食物 (味噌湯、拉麵、咖哩、火腿、培根、鹽、醬油、洋芋片)、巧克力、咖啡因、茶、酒精、太小的動物骨頭 (雞骨、魚刺)、魚肉之外的海鮮、生蛋白、果核、葡萄、葡萄乾、櫻桃、夏威夷豆、生麵糰、動物皮層 (脂肪含量過高)、生魚肉、馬鈴薯的芽、木醣醇。

12 種食譜雖然是為毛小孩精心設計，而每一道菜餚只要稍做變化亦是適合主人的美味料理，可以與毛小孩一起享用。讓你在採買及烹調過程中同時可做出適合主人與毛小孩的料理，一舉兩得，並增加親密關係及良好生活品質。相信秉持對料理熱忱幫毛小孩做料理，一樣會是幸福溫暖的感受。

推薦序

愛的黛芙妮宇宙學校領航長 周芝佑

這本書的緣起是來自於作者從胎兒起就與毛小孩有著很深的喜愛連結，只要挺著肚子的媽媽一出門，她就會招呼大大小小的毛小孩們跟著媽媽後面走呢，常讓她媽媽驚奇不已……。

在高三枯燥無味準備大學學測時，作者在自家樓中樓的轉角津津有味的偷聽媽媽在樓下幫學生上占星與塔羅牌的課程，她非常嚮往的想著「如果我也能學習該有多好啊」，直到有一天媽媽上樓發現她後才終止了這段偷學的歲月。

作者從小耳濡目染媽媽諮詢的景象，讓她好生喜愛關於心靈諮詢療癒等的學習和工作，所以從高三、大學四年至畢業後兩年多，她如願以償的學會並教導有關她學習的部分課程。

她天生靈性的天線一直都暢通，看、聽、聞、心通樣樣精，再加上後天靈性課程的歸納整理，相信文武雙全的她，必能為地球的提升奉獻一份心力。《毛小孩星座物語》是愛的黛芙妮宇宙學校系列的第二本書，第一本書是《七脈輪行業明日之星星象分析》，兩本書都是作者張芳瑜所寫，本書收錄毛小孩狗狗的 12 星座、毛爸媽的 12 星座個性、緣分指數、相處的方式建議、狗狗的身心狀態及經國管理暨健康學院餐旅管理系周景堯主任 Andy 師傅主動提供要為 12 星座狗狗們和毛爸媽們，搭配色香味俱全的鮮食及餐點，（真是感謝萬分！）這是目前台灣第一本有關毛小孩（狗狗）全方位的星座物語，非常值得大家運用收藏。

目錄

特別企劃

前言

（請大家一定要有耐心把前言看完唷！）

這是一本很特別的書，可以讓你知道你與自己毛小孩的點點滴滴，書裡的毛小孩會以「狗狗」為主，因為與星座相關，所以你必須要先知道你自己的「星盤」與狗狗的「星盤」，不能只有太陽星座（生日星座）而已，因為我們不能光憑太陽星座就斷定一個人或一隻狗是怎麼樣的個性，像我就常常被說不像摩羯座。

現今有很多占星軟體可以讓我們知道自己或別人的完整星盤，例如占星之門，或是IOS、Android上面的一款App—Astrogold，但這個APP是需要付費的，如果不想付費，就用占星之門或自己上網google就可以。星盤是以我們的出生年月日、出生時間、地點為依據，所以你必須知道狗狗的生日為何（沒有出生時間是沒有關係的）。現在你一定會問我，可是我的狗狗是領養的，我不知道牠的生日怎麼辦？有三種辦法：第一，還記得你領養狗狗那天的日期嗎？這個日期是你們正式相遇的第一天，是狗狗生命有巨大改變的一天，所以可以當作牠的重生生日，例如我在2017.1.14遇見Hito，那天便是牠的重生生日。第二，如果牠還是小狗狗，你可以推估牠可能是幾月出生，知道牠的太陽星座。第三，根據本書的毛小孩個性，推測你的狗狗比較像是哪個星座。

星盤上滿天星斗，十大行星與南北交點，到底該參考哪一個呢？
太陽所在的星座，代表外顯的個性與身體容易消耗的部位。
月亮所在的星座，代表情緒、家庭與飲食習慣。
水星所在的星座，代表思考、表達、學習的方式。
金星所在的星座，代表喜歡的人事物、興趣、男生喜歡的對象類型。
火星所在的星座，代表原始慾望、發脾氣的方式、容易耗損、受傷的身體部位與女生喜歡的對象類型。
南交點所在的星座，代表容易生病、耗損的身體部位，以及前世遺留下來的特質（比較容易呈現缺點的部分）。

我所介紹的這些行星都是在書裡面，大家會用到的行星代表特質，在毛小孩與毛爸媽個性的章節都可以參考及對應。在12星座毛小孩身心健康&營養章節中（不是飲食習慣唷）請以太陽、火星及南交點為主，心理健康則是以月亮、火星、金星為主。後面144個不同星座毛小孩vs不同星座毛爸媽的章節，毛小孩請參考太陽、火星、南交點所落在的星座，毛爸媽本身，則參考自己太陽、火星、金星的部分。

當閱讀完前言、查詢完星盤，就可以進入書中世界好好探索自己與毛小孩了，祝你愉快。

12 星座
毛小孩身心
健康 & 營養

白羊座毛小孩的身心健康

身體健康

白羊座的毛小孩很活潑，喜歡去每個地方探險，當然免不了會在草地上滾來滾去，或是鑽進樹叢裡看一看，這類的地方蚊蟲比較多，也容易出現跳蚤或壁蝨，所以常常出門的白羊座毛小孩要特別注意除蚤與驅蟲。記得繫上牽繩，因為活潑的牠，暴衝起來不會去注意車輛，也可能因為太熱情想交朋友，沒有控制好力道，把其他毛小孩或毛爸媽弄受傷了。

白羊座象徵的位置是頭部，包含了眼睛、鼻子、耳朵、嘴巴，所以頭部器官可能發生的疾病，就要特別注意且預防，像是常見的結膜炎、外耳炎（曼斗小時候就有感染耳疥蟲）、鼻竇炎、口唇炎等等。有沒有被毛小孩頭槌過的經驗？我有！發生過好幾次，白羊座的毛小孩就是那種會「用頭攻擊、撒嬌、剷除路障」的生物，牠個性很急、脾氣不好，體質容易燥熱與火氣較大，體溫可能也較高，所以夏天要多留意中暑的現象與適量補充水分。由於白羊座毛小孩精力旺盛，會把外面沒消耗完的精力發洩在家中，所以家中易碎、易壞物品要記得收起來，毛小孩和毛爸媽也要注意自身安全避免受傷。

適合的飲食

因為白羊座體質容易燥熱發炎，盡量要少吃火氣太大的食物。毛小孩的主食是肉類，屬於白肉的雞肉、魚肉很適合，不會太上火也不會攝取過多脂肪。白羊座毛小孩常常運動，肌肉比較發達，可以吃一些對肌肉、血液循環良好的食物，例如番茄、綠色蔬菜等等，也可以加點藍莓、蘋果，對眼睛都不錯。

心理健康

白羊座不管是人還是狗，長到多大的歲數，心裡都仍然保有一小塊孩子氣、任性的地方，雖然牠看起來很獨立自主又有點強勢，但內心其實就是個小朋友，會吵，想要吃好吃的，玩好玩的。如果你正在忙，無暇顧及牠，沒多久你就會發現垃圾桶的垃圾被翻出來，玩具散落一地，零食櫃被撞歪，這些都是牠為了吸引你的注意所做出的舉動。無數次的講不聽、拼了命的闖禍，只為了博得毛爸媽的一「罵」一「關注」，你當然可以很大聲的制止這些白目的行為，但看在牠是想取得你注意力的份上，就不要給予太嚴厲的懲罰吧！

金牛座毛小孩的身心健康

身體健康

如果說白羊座毛小孩是急驚風，金牛座毛小孩就是超級慢的慢郎中。牠有自己一套享受生活的方式與習慣，例如吃飯、睡覺與散步都在特定的地點，這些習慣不能輕易改變。金牛座毛小孩很愛吃，但並不是什麼都吃，「好吃」對牠來說很重要，甚至會因為吃到不好吃的東西而生悶氣，如果覺得美味的東西，牠可以連續吃好幾天、吃很多量，所以常常給人「一直處在飢餓狀態」的錯覺，其實只是嘴饞啦！

金牛座象徵的位置是脖子，包含了喉嚨、食道、扁桃腺與甲狀腺等等，這些部位會較為脆弱，感冒所導致的喉嚨發炎、扁桃腺感染、吃東西沒嚼碎而割傷食道、食物卡住造成的食道炎，甚至很容易「燒聲」，吠一吠到後面變成「氣音」（笑），或是甲狀腺方面的疾病，例如甲狀腺亢進。所以除了要注意喉嚨、聲帶的保養（盡量以胸背帶取代會勒到脖子的項圈），對於吃的東西，毛爸媽們盡量要嚴格把關，避免吃太多、吃不夠均衡、太硬、太燙或暴飲暴食的現象，也要適當的運動來控制體重。

適合的飲食

金牛座屬於易胖體質（下盤特別穩），代謝比較慢，本身又愛吃，所以在選擇上宜避免脂肪過多的食物，肉類可以挑選白肉，例如雞胸肉、魚肉或比較難取得的火雞肉與鴕鳥肉，如果想吃點紅肉，脂肪較少的牛腿肉、腰內肉（菲力）都可以。也可以攝取含有維生素 B 的食物來幫助代謝並舒緩壓力與緊張的情緒，動物的內臟、深綠色蔬菜（蔥、韭除外）、雞蛋、魚類都含有維生素 B。含碘的食物，例如魚類、藻類，和梨子能保養喉嚨，但這些食物都記得要「少量適量」，不要過度食用唷！

心理健康

除了吃與享受，金牛座也非常重視「安全感」，自己固有的行為模式，與毛爸媽的相處模式，一旦養成習慣便很難再改變，對於新的環境或是新的毛爸媽都會因為難以適應而產生行為問題，所以盡量不要去變動牠的任何位置，例如在同個的地方放狗床還有狗碗，吃的時間、散步的時間、地點最好都固定。金牛座毛小孩喜歡擁抱，可以多摸摸牠、抱抱牠，牠會比較安心，更能感受到你的愛，而對於牠的慢熟，請多一些耐心唷！

雙子座毛小孩的身心健康

身體健康

雙子座的毛小孩是好奇寶寶，比起白羊座毛小孩想冒險就撩落去衝鋒陷陣的行為，雙子座比較偏「我去看一下就好」，點到為止，什麼都嘗試一下。牠不像金牛座必須要有固定的生活模式，雙子座毛小孩比較隨性，什麼時候給牠吃就吃，不要餓死牠就好；什麼時候睡覺就睡覺，但只要你醒著牠就不會睡，所以作息非常容易不正常。

雙子座象徵的位置是前肢、肩膀、還有呼吸與神經系統，因此牠特別敏感且容易緊張，會察覺所處環境中的整體變化，只要氣氛不對或有人講話稍微大聲一些，雙子座的毛小孩就會開始煩躁不安，出現一些因為焦慮所產生的行為問題，例如一直舔腳或不斷吠叫等等。由於呼吸系統較弱，空氣中的灰塵或懸浮微粒會使牠過敏，也容易有相關的疾病，例如支氣管狹窄、發炎，氣管塌陷，肺部的問題等等。因此對於毛小孩身處的環境狀態，通不通風，空氣品質、氣氛如何，毛爸媽都要加以注意，盡量不要讓牠過度的運動與興奮，還有要做好保暖避免感冒。

適合的飲食

雙子座屬於精神性敏感的體質。在吃部分，牠食量沒有金牛座毛小孩大，但味覺是一樣的敏銳。雙子座毛小孩不喜歡一成不變的生活，吃東西很容易吃膩，所以可以每隔一段時間就換不同的菜單，主食肉類紅肉、白肉都可行，如果毛小孩會過敏，羊肉是不錯的選擇。因為個性比較容易緊張，建議攝取一些能夠安定、舒緩情緒的食物，例如含有維生素 B 的動物內臟、深綠色蔬菜（蔥、韮除外）、雞蛋或魚類。也可以吃一些對呼吸系統有益的食物，例如木耳、白花椰菜、白菜、豆腐等等。

心理健康

雙子座不管是人或是狗，對聲音都特別敏感，能輕易察覺空間內的微小變化，雖然在換環境或剛到陌生的地方的時候會緊張，但牠的適應力算不錯的。雙子座很怕無聊又好奇，喜歡東看西看，到處摸到處蹭，一旦發覺生活一成不變，牠就會想找點樂子而做出一些「牠不覺得在搗蛋」的搗蛋行為，還覺得自己發現了什麼新大陸，例如尿墊特別好吃，去撞櫃子會有好玩的嘎嘎聲，也有可能會整你，例如把你最愛的鞋咬去藏起來，等你找不到時尖叫，牠再來裝沒事，所以當你發現諸如此類的行為，糾正歸糾正，代表牠的生活有點無趣了，幫牠找點好玩的事情做吧。

巨蟹座毛小孩的身心健康

身體健康

巨蟹座的守護星是月亮，不管是人或是毛小孩，只要是巨蟹座，都會受到月亮的影響，特別是女生。月亮掌管情緒及家庭，所以基本上巨蟹座的人生或狗生，都會很「看心情」的行事，情緒好什麼都可以做，都可以吃，情緒不好則相反。而牠的防衛性、地域性比其他星座都來得強。

巨蟹座象徵的位置有前胸及胃，還有代表著母性的身體部位——乳房及子宮，這些部位較為脆弱，也容易有相關的疾病。例如胃炎，或因為情緒不好，導致消化不良而引起的胃痛、嘔吐，由於牠很重視「地盤」，所以在吃東西的時候，絕對要提供一個令牠安心的飲食環境，讓巨蟹座的毛小孩放心的吃，不要去打擾牠。如果今天毛小孩是女生，建議不要太晚結紮，較能避免子宮相關的問題發生。

適合的飲食

巨蟹座屬於情緒性敏感的體質，愛吃甜食，容易水腫與肥胖，所以盡量不要提供糖份、脂肪太多的食物給毛小孩，例如澱粉類的量就要控制。肉類的選擇上，白肉類的雞肉、魚肉，紅肉類偏低脂的牛菲力都很適合。

也可以補充一些對胃及子宮有益的食物，例如南瓜、山藥、適量的高麗菜（量多容易腹脹），肉類、蛋、深綠色蔬菜等含有維生素 B，可以幫助消化，適量起司、優格、菠菜等含有鈣質的食物，白蘿蔔、含有葉酸的肝臟類食物，都有助於子宮的保養。

心理健康

巨蟹座是 12 星座裡最情緒化的，不管是人還是動物，牠很多生理、心理的疾病根源都是「情緒」。巨蟹座很敏感纖細，防衛心、保護慾都比較強，會保護毛爸媽、保護自己，只要牠認為毛爸媽是「家人」。在巨蟹座的觀念裡，家就是避風港，牠希望有個屬於自己的家，能夠被愛與得到關懷，家也是牠安全感最大的來源。如果你的毛小孩是巨蟹座，給牠多一些關注與愛，務必讓牠感受到你真的很愛牠，如此一來牠的身體、心理都會更健康。

獅子座毛小孩的身心健康

身體健康

獅子座的守護星是照亮全世界的太陽，不管是人或是毛小孩，都會有一種「鎂光燈請打這邊，大家一起看過來！」要集眾人目光於一身的想法，也具有愛熱鬧與人來瘋的傾向。如果大家都在看牠，牠便會行為良好，給足自己與爸媽面子，或表演給大家美言一下，顯得自己很厲害。

獅子座象徵的位置是脊椎、心臟，容易因天生或過度使用消耗而有相關的疾病，例如瓣膜脫垂、閉鎖不全，或比較容易喘等等，所以建議不要讓毛小孩太胖或在短時間內大量運動，尤其是柯基、臘腸等犬種，太胖容易使脊椎無法負荷重量，也容易導致心血管疾病。獅子座的人會特別在意自己的門面與髮型，獅子座的毛小孩會特別在意自己的毛漂不漂亮，可以常常幫牠梳理毛髮，而剃毛這件事務必三思而後行（笑）。

適合的飲食

屬於火象星座的獅子座精力很旺盛，容易自 high 或人來瘋，當情緒太激烈時，可能會使心臟突然無法負荷，因此平常就必須做這方面的保養。肉類的選擇上，可以選擇蛋白質含量較高的紅肉，並避免鈉量高的培根、火腿、香腸等等。也可以補充一些對心臟有益，骨骼、毛髮生長有幫助的食物，例如雞肉、魚肉、內臟都含有維生素 B_{12}，可以維護心臟健康。菠菜、起司、優格含有鈣質，可以強健骨骼，協助心臟收縮。卵磷脂、魚油則可以讓毛髮更漂亮。

心理健康

獅子座是 12 星座裡自尊心最強的，牠骨子裡存在著一股傲氣。不但愛面子，自尊心又強，要別人尊重牠。對於獅子座的毛小孩，不要覺得牠聽不懂，問牠要不要吃什麼、要不要去哪裡、或事先告知牠你的時間行程，牠會覺得自己有被尊重而感到非常高興，也會特別乖巧並熱情的回應你。在與牠相處上，盡量以稱讚代替責罵，鼓勵代替處罰，愛聽讚美的獅子座毛小孩會因為你的美言幾句而變成乖順的小貓。

處女座毛小孩的身心健康

身體健康

處女座是 12 星座裡最有原則，當然也是最龜毛的星座，處女座毛小孩會內建一套屬於自己的生活方式，一定的規範、次序，什麼時間吃飯、吃些什麼，什麼時間該出去上廁所，諸如此類的大小事情，牠都希望能按表操課，如果沒有做到，或是稍微做了一些更動，就會讓牠覺得渾身不自在。

處女座象徵的位置是腹部，包含了小腸、12 指腸、胰臟等器官。牠對「乾不乾淨」、「整不整齊」特別敏感，不喜歡灰塵或是髒亂。吃的食物會偏向比較清淡、養生，容易挑食，喝的水也一定要求乾淨（有灰塵可能直接把水碗給翻了），就因為如此，牠的抵抗力比較弱，如果吃到味道稍重或是沒吃過的東西時，可能會拉肚子。在灰塵較多的環境裡，容易有皮膚、鼻子、眼睛等過敏的問題，所以毛爸媽在環境的整潔與食物、飲水的品質上都要做好嚴格把關。

適合的飲食

處女座對食物的品質較為挑剔，重視營養與乾淨，不喜歡吃太多加工食品。所以自製鮮食對牠來說是不錯的選擇。主食肉類可以選擇脂肪較少、較不油膩的魚肉、雞胸肉或牛菲力。也可以補充一些對小腸、胰臟有益、營養價值高且較好消化的食物，例如山藥、花椰菜、高麗菜、嫩瓜類（冬瓜、大黃瓜、苦瓜）。含有維生素 B_5 的肉類、蛋、深綠葉蔬菜也能幫助消化，適量的優格可以讓腸道好菌生長、保護腸道。

心理健康

處女座的挑剔、龜毛甚至潔癖（身體或心理），背後很大的原因是不夠自信，不喜歡突然的改變，什麼事情都要照自己的程序，其實是因為怕做錯事，當處女座毛小孩犯錯時，毛爸媽的責罵容易使牠更自卑，覺得自己無法做到，甚至引發全身性的情緒性過敏。如果你的毛小孩是處女座，對牠的挑剔、吹毛求疵、要求太多，多一些用心與耐心，不要動怒，定時幫牠換水、準備新鮮營養的食物、乾淨的生活環境，對你們的健康都很有幫助，當然毛爸媽正常、規律的作息也非常重要。

天秤座毛小孩的身心健康

身體健康

天秤座是 12 星座裡最會 Social 的星座，不管是視覺或心理上，都給人舒服、優雅的印象，與他相處會特別自在。天秤座的配合度很高，重視「燈光美、氣氛佳」，害怕衝突與爭吵，所以基本上你給天秤座毛小孩吃什麼、用什麼，牠幾乎都會照單全收，而牠的食量也比較小，食物形狀偏向小塊與精緻。

天秤座象徵的位置是腰與平衡中樞，卵巢、腎等都屬於腰的範圍，因此足夠的水量、適當的排毒與經期的保養都很重要，很多天秤座不喜歡喝純水，偏好有加甜味的飲料或甜的食物，無形之中會吸收過度的糖份。另外天秤座、雙魚座的體質比起其他星座會稍微弱一些，容易生病、感冒或沒有力氣需要靠著，所以毛爸媽對牠們的身體狀況可能要多留意一些。

🐾 適合的飲食

天秤座的食量較小又喜歡看起來漂亮（鮮食做完可能還要擺盤一下）精緻的食物，少量多餐很適合牠。在肉類的選擇上紅肉、白肉都可以，或是對身體比較補的羊肉也可以增加天秤座的體力。除此之外，可以補充一些有利於排毒或對腎臟有益的食物，肉類、魚類等含有鈉的食材可以維持細胞內的水分平衡與幫助代謝，但必須控制在適當的量。胡蘿蔔、豌豆、菠菜等的蔬菜，可以清除體內毒素並維持酸鹼平衡，讓天秤較有精神。山藥擁有高營養價值，對腎臟也有益處。而最重要的是，喝足量的水。

🐾 心理健康

天秤座是一個處事非常圓融的星座，在團體或私人相處中，他重視氣氛和諧遠勝於自己的喜惡與要求，願意配合別人，把自己的想法藏在心底，但還是會覺得委屈，因為其實「公平」對天秤來說非常重要，如果你養了兩隻以上的毛小孩，有一隻是天秤座的，那你一定要平等對待每一隻，一旦發現你偏心，牠心裡的那個秤便會失衡，開始做出不優雅的搗蛋行為。另外牠很在意自己的外貌，毛漂不漂亮，自己美不美，牠可能會跟你搶鏡子，在全身鏡前面擺pose，可以把天秤座毛小孩打扮的漂漂亮亮的，牠會很開心。

天蠍座毛小孩的身心健康

身體健康

天蠍座是 12 星座裡，最有意志力與洞察力的星座，擅長守在暗處、觀察情勢，完成不可能的任務。由於天蠍座的守護星是代表兩極——死亡與重生、新生與毀滅的冥王星，所以他不管是生理或心理方面都帶著極端的特質，不容易相信別人，一旦相信了便是絕對的忠貞。在飲食上比較偏好口味重、較有味道的食物，喜惡上也會特別明顯。

天蠍座象徵的位置是下腹部、生殖系統與免疫系統，他的體質兩極，絕對的健康與絕對的不健康，平常很少生病，但可能一生病就很嚴重。因為喜怒不太形於色，就算已經生氣，只會讓別人覺得好像怪怪的，這樣的他體內多半火氣很大，容易導致便秘。許多天蠍座也有憋尿的習慣，可能因為正在吃飯或是做別的事情不想中斷，便用意志力撐著不去上，容易使尿道、膀胱甚至腎發炎感染，所以毛爸媽務必要按時帶天蠍座毛小孩去上廁所，或訓練在家中固定位置上廁所的習慣。

適合的飲食

因為身體火氣比較大，卻又喜歡味道重的食物，毛爸媽在做鮮食時可能得多下一些功夫，必須選擇性溫又比較有味道的食材，或另外加入其他食材調味。肉類可以選擇雞肉、牛肉、魚肉等等，適合冬天進補的羊肉盡量少吃。也可以吃些有利於生殖系統、免疫系統、降火氣的食物，蛋、魚類、肉類含有鋅能夠維持免疫功能，含有維生素 A 的蛋、奶、菠菜、肝臟、紅蘿蔔或根莖類蔬菜可以增強免疫力與生殖系統，維生素 B_5 可以幫助消化，維生素 C 可以抗氧化與增加免疫力，這些營養素都可以從蔬菜、水果裡攝取，當然也記得要多喝水。

心理健康

天蠍座的個性較為兩極化，剛相處的時候你會覺得他很有距離感，冷漠、不好相處，但久了你們漸漸產生感情，他則會變得比較黏與佔有欲強、愛吃醋生氣等等。如果你有一隻天蠍座的毛小孩，那麼有牠一隻就夠了。牠不喜歡屬於自己的「人」、「東西」被分享，也痛恨欺騙與背叛，所以絕對不要跟牠說「要把牠丟掉、送人」或生氣起來真心要傷害牠，因為愛很深，恨也很深，可能會因此記上一輩子。

射手座毛小孩的身心健康

身體健康

射手座是 12 星座中，最愛好自由的星座，身為火之子的射手座毛小孩，喜歡沐浴在陽光下、在森林裡散步、在青青草原上狂奔，最好有玩伴一同遊戲。平常看似隨性瀟灑的牠，一遇到自己喜愛的人事物，便會陷入極度狂熱狀態，像活在自己的世界中。比起吃，射手座毛小孩覺得玩更重要，甚至可能有為了玩都不吃東西。

射手座與白羊、獅子座同屬於火象星座，所以牠有超旺盛的精力。射手座象徵的位置是肝與臀部，包含了坐骨與尾椎，這些部位會因為較常使用而消耗。由於牠很好動又常常失控，容易造成運動傷害，例如肌腱損傷、骨頭因為碰撞而斷裂等等，射手座毛小孩的髖關節也比較弱，對於運動的程度毛爸媽要做好把關，不要讓牠過度運動及跳躍，在外要使用牽繩並做好訓練，免得一放出去就像走失一樣叫不回來。肝也是排毒的器官，所以充足的休息與睡眠，對射手座毛小孩相當重要。

適合的飲食

比起玩樂，射手座在飲食上反而比較隨性，吃東西比較快（急著去玩），所以可以選擇好消化、不要太難咀嚼，或需要吃很久的食物、烹調方式。蛋白質與脂肪是肝不可或缺的營養，但又不可過量，因此主食肉類的選擇上，可以選擇對肝有益的魚肉、雞肉、牛肉。碳水化合物與綠色蔬菜也要記得攝取，含有維生素 A 的番茄、胡蘿蔔、菠菜、動物肝臟、魚肝油及乳製品對肝臟有益。梨子有豐富的糖分和維生素，有保肝和幫助消化的作用。少量多餐可以減輕肝臟的負擔，避免吃鹽分過高的食物。而最重要的就是充足的睡眠，所以毛爸媽的作息也一定要正常唷！

心理健康

射手座是很樂天的星座，除了被限制自由，幾乎沒有什麼事會讓牠憂鬱或不開心很久，你可能會看到牠整天屁顛屁顛的跑來跑去，連你的心情都跟著變好了！射手座熱愛大自然，記得要常帶牠去曬太陽，可以的話也帶著牠去旅行，牠會是很好的旅伴。因為不喜歡被束縛，所以盡量不要將射手座的毛小孩鏈起來或關起來，如果你住的地方太過狹窄或比較不方便外出，建議不要養射手座的毛小孩唷！

摩羯座毛小孩的身心健康

身體健康

摩羯座是 12 星座中最嚴肅的星座，不笑的時候常常被誤認為在生氣，笑的時候還是很有威嚴。很多摩羯座在小時候看起來很成熟，長大反而被認為很年輕，因為心智年齡普遍大於實際年齡，牠的行事風格一向比別的毛小孩還穩重，加上不喜歡浪費時間在沒意義的人事物上，很多毛爸媽都覺得跟自己的摩羯座毛小孩玩不起來。

摩羯座象徵的位置是骨骼、皮膚和牙齒，容易因為過度使用消耗或有相關疾病，例如骨頭發育不全、風濕等等，鈣質比一般人、動物都更容易流失，所以提早做好保養很重要，可以做一些強化骨骼的運動與多補充鈣質。而摩羯座的毛小孩也盡量不要過重或不斷的跳躍，以免造成關節的負擔。

適合的飲食

摩羯座毛小孩在飲食上沒有特別挑嘴或要求變化，只要覺得好吃或能入口，不太會吃膩，甚至可以一直吃一樣的食物。做事很認真的牠容易因為專注在別的事情上而忘記要吃飯，不過一旦吃飯起來就超級認真專注，所以在吃飯的時候不要打擾牠唷！肉類主食白肉、紅肉都可以，記得不要過量。也可以多補充鈣質或對骨頭有益的食物，起司、優格、菠菜、沙丁魚都含有鈣質，適當的磷對骨頭有益，可以從肉類、魚類、蛋奶類攝取，維生素 D、維生素 A 都可以幫助骨頭生長，含有硼的全穀類與蔬菜、水果不但可以幫助骨頭生長時的礦物質代謝，還能緩解關節炎。平時也可以在毛小孩的食物上撒一些鈣粉與海帶粉。

🐾 心理健康

摩羯座的毛小孩看似冷漠，沒有一點生活樂趣，但牠的穩定性很高又守規矩，是很好的家人與夥伴。因為耐力與韌性都很強，除非真的很不舒服或有迫切的需要，否則摩羯座毛小孩是不會來煩毛爸媽的。甚至有時候會因為太安靜乖巧，而讓人忘記牠的存在。摩羯座也是個悲觀的星座，容易憂鬱，牠不像火象星座那麼活潑，水象星座那麼貼心，風象星座那麼聰明，但務實、古意的牠會默默的陪伴在你身邊，記得還是要給牠一些關心與溫暖，帶牠去散散步、曬曬太陽，牠會很開心唷！

寶瓶座毛小孩的身心健康

身體健康

寶瓶座是 12 星座中最不按牌理出牌的星座，有時候很叛逆，有時候卻又很乖順，讓人很難摸透他究竟在想什麼。對於吃的東西，有可能今天特別愛吃雞肉，明天你以為牠仍愛吃雞肉，幫牠準備有雞肉的鮮食，牠卻已經愛上牛肉的滋味了。所以寶瓶座毛小孩實在讓牠的毛爸媽非常的頭痛。

寶瓶座象徵的位置為腳踝、腦神經與循環系統，因為腳踝天生比較弱，可能容易扭傷或抽筋。你會發現有時候寶瓶座毛小孩突然做出一些奇怪的行為，或者是定格，也許是牠當機了（這在人也非常有可能發生），腦神經突然 lag 或要休息一下，所以充足的睡眠對牠來說相當重要，才能讓腦神經有適當的休息，另外也要注意血壓與靜脈的問題。

適合的飲食

因為太不按牌理出牌，所以毛爸媽在製作鮮食時，建議就用營養好吃的食材，可以變換口味，但不需要過度遷就牠的喜好（已被寶瓶座的曼斗咬起來甩），在肉類的選擇上，紅肉的牛肉、豬肉（脂肪少的部位）與白肉的雞肉、魚肉都 OK。也可以補充對腦神經、循環系統有益的食物，南瓜、菠菜、雞肉、全穀類、內臟含有維生素 E 可以幫助神經傳導，維生素 B_1 有維護神經的功能，防止抽筋。蔬菜、南瓜、小麥胚芽、蛋等等，含有天然維他命 E，可擴張末梢血管，對於末梢循環很有幫助。

心理健康

寶瓶座除了不按牌理出牌，牠也是 12 星座裡非常愛好自由的星座，與射手座毛小孩的「只要不是一直被關著就好」不同，寶瓶座毛小孩連心靈都要自由，牠需要自己的空間，自己的時間獨處，所以如果你的毛小孩是寶瓶座，記得要給牠專屬的空間、獨立的窩等等，也不要一直打擾牠。對寶瓶座的毛小孩不要太有權威，因為牠會更叛逆，用較為平等的方式訓練牠，例如：你要牠坐下，用跟牠一起坐下的方式去訓練，成功率也會比較高。

雙魚座毛小孩的身心健康

身體健康

雙魚座的毛小孩多半有著一雙我見猶憐的眼睛，讓人無法拒絕牠的要求，做錯事情超會裝可憐。牠很善解人意，對於自己喜愛的人事物，會有犧牲奉獻的精神。毛爸媽的要求牠也樂於配合並達成，然而雙魚座的膽子比較小，不管是食物、環境、人物，只要是新的東西，牠也容易呈現害怕、逃避的狀態。

雙魚座象徵的位置是腳，如果你的毛小孩是雙魚座，務必檢查一下牠所處的環境，因為牠的腳特別容易受傷。雙魚座的體質會比其他星座更敏感（神經敏感還是身體敏感都有可能），所以也可能會有類似過敏的狀態，或是容易感染、貧血，因此牠需要多一些照顧與關注，是需要被捧在手心上呵護的公主 / 王子。

適合的飲食

膽子小的雙魚座，對新的事物容易感到害怕，建議在給予食物上慢慢的換口味，慢慢的增加量。由於天生體質較弱，可以吃一些對身體比較補的肉類，例如羊肉、鮭魚或是紅肉的牛肉、豬肉，但記得不可以過量，以免導致血液太酸。另外也可以補充一些有鐵質的食物，或對血液品質好的食材，像是紅肉、肝臟、雞肉、魚肉和雞蛋裡都含有鐵質，肉類、魚類、蛋含有磷，除了強化骨骼，還能保持血液的酸鹼值中和。維生素 B_{12} 是生成血紅素的必要營養素，在雞肉、魚肉、內臟裡都有它的存在。

心理健康

雙魚座是 12 星座裡最善解人意的星座，很喜歡撒嬌，常常讓人覺得窩心，但同時也非常膽小，容易逃避或是害怕被罵而不敢承認自己的錯誤，做錯事就跑去躲起來或裝死、裝沒事，毛爸媽講話稍微大聲一點可能就開始發抖，讓你又好氣又好笑。因為缺乏安全感，雙魚座的毛小孩都會比較黏毛爸媽，走到哪跟到哪，甚至變成不是好狗，因為會「擋路」，所以不要覺得牠很煩，這就是牠愛你的方式啊。

12 星座 汪星人個性

白羊座汪星人個性

日期：3/20.21 ~ 4/19.20
星座屬性：火象星座
守護星：火星

個性

白羊座是 12 星座裡的第一個星座，起迄日期是春分點，是一年中最熱鬧的時候，百花齊放齊爭艷，蟲鳴鳥叫富生機。所以白羊座的個性既熱情又奔放，善於競爭，還很喜歡當老大。

白羊座的毛小孩，是 12 星座裡面最天真可愛的，牠可能從小就被認為是過動兒，咬你的拖鞋、扯你的褲管、拉你的襪子。你常常想拜託牠，可不可以就安靜五分鐘？五分鐘就好。只要身體沒有什麼限制性的疾病，白羊座毛小孩到老都是一尾活龍，樂活長青狗用在牠身上完全沒有違和感。因為精力太充沛，如果沒有發洩完畢的話，家裡就會像戰場一樣，牠會用跑百米的速度瘋狂的折返跑、飛撲你、嗑家具，或把玩具、拖鞋咬起來甩到旁邊很遠的地方，直到自己沒電趴地為止。

白羊座毛小孩有一種強者風範，就算不是領頭的，也絕對不會是要人保護的類型。如果你看到一群毛小孩裡面，有一隻是白羊座，通常那一隻可能就是裡面行為最 over 的，例如帶著大家一起搗蛋，耍白癡或打群架。當然，若牠是你的狗，你可能會被一群毛小孩飛撲（請紮好馬步，預備好承受排山到海的重量，牠是沒有內建煞車系統的）。白羊座毛小孩善於競爭，無法接受平手，一定要分個高下，有牠在的地方，除非你夠厲害、強勢，讓牠能夠聽你的（白羊座容易崇拜偶像），並建立一套秩序，否則「打架」、「吵架」、「搶東西」的失控行為可能天天都在上演。白羊座毛小孩的適應力極好，很獨立的牠可以自己待著並不會感到寂寞，但會不會把那個地方夷為平地又是另外一回事。

養一隻白羊座毛小孩會給你帶來很多麻煩，每天有新的災難發生，新的殘局要收拾，但你絕對不會有索然無味的感覺。儘管牠白目、幼稚了點，非常自我感覺良好又有些智障，不過牠真的很可愛喔！活潑、富有正義感，為你兩肋插刀（我不懂意義，我只懂義氣！），當然有時候會搞不清狀況吠錯人，鬧了很多笑話，反正牠就是最挺你的啦！

表達方式

白羊座的毛小孩不難懂，本身就討厭繁文縟節的牠會用簡單、熱情、強烈的方式來告知你牠要幹嘛，表達感情亦是如此，不會拐彎抹角的要你玩猜猜樂，例如：把球與玩具叼到你面前，表示牠想和你玩，牠會用挑釁的方式碰你一下、撞你一下之後跑走，再回眸一笑，「來追我啊～來追我啊」。如果你還不明白，牠便會身體力行帶你去事發地點，例如帶你去牠的飼料、零食儲藏櫃，所以白羊座毛小孩的爸媽總是能夠直擊意外現場啊（遞降血壓藥）。

生氣方式

白羊座的毛小孩脾氣不太好，很容易因為失去耐性而生氣，例如玩一個益智玩具好一陣子了，卻還是吃不到裡面的零食；肚子好餓，可是要「坐下、握手、等等」後才能吃飯，這時牠就會超級敷衍，甚至怒吠叫你快一點。白羊座毛小孩很自我中心，對於「分享」的概念十分薄弱，當看到你把牠的玩具或零食分給其他狗時，「欸這是我的欸！」你會看到一隻狗用風速齜牙咧嘴的朝你狂奔而來。

跟白羊座的人一樣，白羊座的毛小孩如果生氣了，絕對不會憋在心裡，牠會用行動讓你知道「牠 就 是 不 爽」，大聲吼叫、亂咬人、毀壞東西、自撞牆壁都是有可能發生的。因為牠個性比較幼稚，所以也會有一些白目的事件發生，例如直接抬腳尿在你身上，或施展鐵頭功，往你臉上一撞（以上親身經歷，覺得藍瘦香菇）。

喜歡＆不喜歡什麼

很有活力的白羊座毛小孩，最喜歡有個大大的地方可以讓牠盡情釋放自己的精力，也喜歡有很多同伴、朋友，可以一起玩樂拼輸贏（但太過度的打架行為還是要制止一下唷），因為白羊座很目標取向，拋接球遊戲、丟飛盤、狗抓人＆人追狗，搶奪繩結，都是牠愛好的項目呢！

前面在生氣方式有提到過白羊座毛小孩其實沒什麼分享概念，牠不喜歡自己的玩具、食物或爸媽分給別人，除非是牠認為的好朋友或偶像。牠也不喜歡等待，一直叫牠「等等」、「等等」，會使白羊座毛小孩失去耐性，直接翻臉唷！

金牛座汪星人個性

日期：4/21 ~ 5/21
星座屬性：土象星座
守護星：金星

個性

在希臘神話中，金牛座的由來是因為宙斯為了向一名美女求愛，化身而成的公牛，這頭公牛不但漂亮溫和，身上有著香味，還有一副好嗓音，就如同金牛座的個性，有質感、有品味且溫和。

金牛座的毛小孩是 12 星座裡面最溫馴的，牠的動作不似白羊座那麼敏捷，牠喜歡慢慢的吃飯，慢慢的飲水，整個狗生步調都是慢慢的進行，令人感覺既隨意又悠閒，但其實金牛座毛小孩一點都不隨意，可固執的勒，對於自己不喜歡、無法接受的事情，配合度趨近為 0。牠的個性主觀、慢熟，很容易因為第一印象而對某些人事物抱持著成見，例如牠第一次吃的雞肉乾很難吃，便覺得所有雞肉乾都是難吃的。金牛座毛小孩很被動，通常都是其他動物或人主動對牠釋出善意，否則牠是不會去接近那些牠不熟悉的人事物的。雖然牠不會對第一次見面的人攻擊或大聲吠叫，但要熱情迎接，是不太可能的。

被象徵愛與美的金星所守護，金牛座不管是人或是狗，都善於享受生活與追求美麗的人事物。金牛座毛小孩會希望自己被梳洗的乾乾淨淨，舒舒服服的窩在屬於自己的地方，最好有牠熟悉氣息的柔軟毛毯靠著。牠很愛吃，當你在享受美食的時候，旁邊會有一雙充滿渴望的圓嘟嘟眼睛看著你，但牠不會吵也不會鬧，就是靜靜的用眼神示意你「牠很想吃」，直到你分牠或結束用餐為止。

如果你希望有一隻不愛亂叫，不需要一天到晚帶牠出去，又有禮貌的毛小孩，金牛座毛小孩非常的適合。牠不需要暴衝來發洩自己的精力，只需要散散步、吃吃東西，便會很乖的待在屬於牠的角落，陪伴你度過一整天。

表達方式

比起白羊座毛小孩，金牛座毛小孩的表達方式非常柔和，牠不太會用吠叫或做出很誇張的行為來博得你的注意，牠比較內斂，不會主動告訴你牠想要做什麼，不管是玩、肚子餓或是任何需求，金牛座毛小孩會很體貼的等你忙完，想到要餵牠、陪牠玩時，再開心的對你亦步亦趨。如果你常常看到牠依偎在某個人身邊，常咬著某個玩具或抱著某個娃娃睡覺，對某個食物百吃不厭，那便是牠喜歡的意思。

生氣方式

金牛座的毛小孩脾氣很好，對於日常生活中的人事物，牠幾乎都挺有耐性的。儘管如此，並不代表牠不會生氣。沒安全感的金牛座毛小孩，有著強烈的佔有欲，當感覺到自己的爸媽好像對別的毛小孩比較好時，牠的醋罈子就默默被打翻了，沒錯，默默的！

金牛座的毛小孩如果生氣了，使牠生氣的這件事情絕對不會是第一次才發生，牠的怒氣是屬於累積型的，忍耐到一定程度才會像火山一樣爆發。當你的金牛座毛小孩開始對你狂吠，亂咬人或大搞破壞，我想牠已經憋的很久了，請把握在牠還是生悶氣的狀態時，用食物賄賂牠一下吧。

喜歡&不喜歡什麼

金牛座毛小孩不會強烈的表現牠的喜好，但通常不難瞭解，溫和的肢體接觸，例如擁抱或溫柔撫摸都會讓金牛座毛小孩感到開心，對牠來說，那是愛的表現。牠也喜歡一個自己專屬的小窩，有柔軟的毯子可以讓牠依靠，並在窩裡吃著牠愛吃的食物。

因為佔有欲強，金牛座毛小孩對於「我的」與「別人的」觀念非常明確，除非喜歡一個人到極致，否則不是太大方的個性。牠也不喜歡匆忙緊湊的感覺，所以爸媽在跟金牛座毛小孩相處時，盡量避免很焦急或趕時間的情緒，因為牠感覺的到，也會因此而覺得不舒服。

雙子座汪星人個性

日期：5/22 ~ 6/21
星座屬性：風象星座
守護星：水星

🐾 個性

12 星座中最聰明的就是雙子座，善於模仿，並透過模仿來學會想學的東西，之後自己再舉一反三。然而因為什麼都想學一些，專注度也不太夠，容易呈現樣樣通，樣樣鬆的狀態。

雙子座的毛小孩個性古靈精怪，反應又快，牠可以快速瞭解整體環境的情勢，哪些人可以欺負，哪些人需要討好，並針對不同的對象，發展出自己的一套相處方式，例如：知道媽媽人比較好，有想做的事情就會先去「盧」媽媽，敢在媽媽面前做其他人說不能做的事，因為媽媽不會生氣，但在比較威嚴的爸爸面前卻安分、諂媚，所以「欺善怕惡」、「差別待遇」這些行為，完全可以在雙子座毛小孩身上體現。因為學習力很強，你做過的事情，牠只要看過一次，通常都能學會部分並模仿，所以當你在的雙子座毛小孩面前推門出去時，也許下次你不在，牠自個兒想出去走走時，便會跑向那個門了。牠可能也自己學會如何開水龍頭喝水，不過沒學會怎麼關。所以當你回家看到水龍頭的水像冬天的鼻水一樣流不停時，準備迎接這期突然破表的水費帳單吧！

雙子座毛小孩很怕無聊，你會發現牠一整天都有事做，一刻都靜不下來，早上去你床邊滾滾吵醒你，中午時吠叫幾聲說說牠昨天聽來的八卦，下午把自己的玩具咬起來甩、逗逗家裡其他的生物，到晚上又感覺自己所做的一切非常無聊，便就地打滾去，直到最後累得躺在地上呼呼大睡。

如果你需要一個可以幫你看家、嚇跑壞人的毛小孩，建議你不要選雙子座，因為牠實在太好客了。由於牠很聰明、學習力又強，挺適合教牠一些小把戲，例如坐下、握手、擊掌等等。牠的佔有欲也不強，既不會爭寵又喜歡有伴，所以通常都跟其他寵物相處的非常好，讓毛爸媽可以放心增添其他的毛小孩。

表達方式

雙子座的毛小孩很愛講話，恨不得能跟你聊上一整天，隔壁的鄰居剛娶老婆，樓下新養了一隻貓，對面剛搬來了一個天菜等等。你會感覺牠一直企圖要跟你說些什麼，或對著食物、飲水吠叫，表達想要吃些東西或喝點水，甚至配上肢體動作。對於喜歡的人事物，牠會一直跑去裝熟，對喜歡的人吠叫，對喜歡的玩具吠叫，宛如朋友一樣的聊天。

生氣方式

雙子座的毛小孩脾氣不壞，對情緒管理非常有一套，會自己排解不開心的感覺。牠很少生氣，除非真的無聊到發慌，或你讓牠一直處於很焦慮緊張的狀態。

對於生氣的表達，雙子座毛小孩會認為那是在「溝通」，牠會持續吠叫，生氣大聲吠，沒生氣小聲吠，有時候你覺得牠跟神經病一樣。的確，雙子座如果真的生氣起來挺像神經病的，會說些你不常聽到的瘋話或亂叫。

喜歡＆不喜歡什麼

雙子座毛小孩喜歡交朋友，與同伴一起玩，就算對方不理牠，牠仍然會企圖引起對方的注意。牠也喜歡學習，不管是你有教過牠的指令，例如坐下、握手等等，還是去廁所上廁所。就算你什麼都沒教牠，你還是會看到牠每隔幾天便做出一些你從未看過的舉動，這就可以解釋，為什麼每次你回家，電視都沒有關了。

雙子座毛小孩的感官非常敏銳，尤其是聽覺，受到的刺激也會比其他毛小孩來得嚴重，所以牠不喜歡尖銳的聲音、或突然發出的聲響。突如其來的碰觸，也會令牠受到驚嚇。

巨蟹座汪星人個性

日期：6/21.22 ~ 7/22.23
星座屬性：水象星座
守護星：月亮

個性

巨蟹座的原形是一隻巨大的螃蟹，身上有著堅硬的殼與鉗子，用來保護柔軟的內裏與抵禦敵人，就如同巨蟹座的個性，敏感細膩，卻會武裝起來保護自己與重要的人。

巨蟹座的毛小孩有著強大的母性與防衛心，會照顧家人與自己認為重要的人事物，例如毛爸媽或是家裡其他的寵物家人。牠不太喜歡陌生人，當有不認識的人靠近時，牠通常會出聲低吼警告對方，甚至認為要保護家庭而採取攻擊行為。巨蟹座毛小孩非常有「根源」的觀念，對於家庭生活特別嚮往，希望自己是個有家，有爸媽陪伴與愛護的孩子，待在家裡讓牠很安心，所以就算出門也不能離家太遠。巨蟹座毛小孩很懂得飲水思源，如果你曾幫助牠或對牠很好，牠絕對會牢記在心，以待他日報恩。

巨蟹座的守護星是月亮，所有巨蟹座的生物都會深深受月亮的運行所影響，滿月時可能會比平常來的暴躁、具有攻擊性，也容易感傷。因為月亮掌管情緒，巨蟹座毛小孩會比其他星座來的更情緒化，情緒一來便翻臉如同翻書，突然大聲吠叫、亂咬人或不理人都有可能發生。而對於周遭的氣氛波動、別人的情緒變化，牠亦十分敏感，如果你心情不好，你的巨蟹座毛小孩會發現，牠會走過來挨著你，表示安慰與支持，甚至也開始難過、無精打采，牠的感情非常豐富，對於熟悉且喜歡的人事物，樂於表達情感，相對的也需要你滿滿的愛與關懷。

如果你需要一隻可以守護家園的毛小孩，巨蟹座毛小孩是個很棒的選擇。牠不會頑皮，十分顧家，對於家中的大小成員都具有很深的認同感與歸屬感，特別是比牠年輕或後到家裡的生物，牠會毫無保留的發揮母性特質去照顧對方。不用特別擔心牠是否得常常出去玩，對巨蟹座來說，只要家裡有專屬於牠的位置、牠的窩，有家人的愛與陪伴，巨蟹座毛小孩就會既滿足又開心，也會更用心守護這個屬於牠的家。

🐾 表達方式

比起其他星座，巨蟹座較為情緒化，因此不管是話語、肢體動作，都不只是在「表達」或「敘述」，而是帶有很多感覺與情緒。就算沒有發出聲音，從臉上就可看出牠現在心情如何，開心時笑得眼睛都瞇起來，不開心時會有一股陰沉的氛圍環繞著牠。如果巨蟹座毛小孩喜歡你，牠是很樂於表達的，牠會把牠認為重要的東西給予你，像是牠的娃娃（相當於牠的小孩），也會一直待在身邊守護你，有不認識的朋友要靠近你、隨便碰觸你，牠還會生氣呢！

生氣方式

念舊的巨蟹座毛小孩，生氣的原因其實很難捉摸，有可能是很久以前的事，但通常都會與「家」跟「安全感」有關，例如覺得爸媽似乎不夠重視牠，因為他們常常不在家，或認為有別的生物搶了爸媽對牠的愛，都是牠有可能爆走的原因之一。

別看巨蟹座毛小孩平時溫和柔順，一旦牠生氣，勢必要來一場腥風血雨，你會很容易從牠的表情上看出端倪，通常臉色都不會太好，再來就是大聲的吠叫、淒厲的大哭、咬人、扯爛玩具，都是可能發生的……。

喜歡&不喜歡什麼

巨蟹座的感情豐沛，最喜歡被人需要的感覺，所以牠才會自發性的去照顧身邊的其他生物，如果家裡沒有其他更年幼或後到的成員，可以準備一個娃娃給牠，滿足牠的照顧欲。因為喜歡有家與家人的感覺，所以對巨蟹座毛小孩來說，爸媽便是牠的全世界，當你在牠身邊時，牠會很快樂，也會覺得自己是被愛與安全的。

基本上，巨蟹座毛小孩不太喜歡離開家到太遠的地方或是不在毛爸媽身邊，如果你把牠寄放在朋友家或寵物店，等到接回來那一天，牠可能會瘦了一大圈，好幾天不理你或亂咬東西表示抗議唷！

獅子座汪星人個性

日期：7/23.24 ~ 8/22.23
星座屬性：火象星座
守護星：太陽

個性

現在為您介紹的是，12星座最貴氣的星座（奏樂～紅毯預備），看到這麼大的排場及昂首闊步、抬頭挺胸屁股翹高高、有王者風範的來者，便是獅子座了！

獅子座毛小孩天生帶有一股王者的尊貴氣質，走路有牠特定的姿勢，像是頭要抬45度角、面對陌生人時不會輕易的吠叫（就像國王看到平民不會隨便講話一樣），而是用漫不經心的目光在對方身上掃描一遍。獅子座毛小孩十分的孩子氣，就算已經到了長青的年齡，你仍然可以跟牠玩得不亦樂乎，有點人來瘋的牠很愛熱鬧，當家人齊聚一堂、高朋滿座的時候，牠便會四處奔走亮相，或是在人群中最顯眼的位置嶄露頭角。

獅子座的守護星是電力最足、最亮眼（刺眼）、熱力滿滿的太陽，我們活著一天便無法離開，也極為需要祂的懷抱。可想而知身為太陽之子的獅子座毛小孩是多麼讓人無法忽視，堪稱狗界演藝圈的第一把交椅，只要有牠在的地方，勢必會讓其他生物把目光焦點放在牠身上，自己就像眾星拱月的super star，所以你可以想像牠有多麼會演戲了，裝無辜、拋媚眼、耍賴對牠來說根本都是雕蟲小技，越多的人在看牠、議論牠，牠的演出也會越來越精彩，如果你的目光沒有在牠身上，搗蛋、闖禍的時刻便來臨了，甚至牠會要求你每隔一段時間就帶牠微服出巡秀一下，去讓大家看一下牠有多麼的尊貴。不過別擔心，獅子座毛小孩可不是一隻只會表演的紙老虎，牠的榮譽感比其他星座都強，除了把事情完成，牠還想成為做的最好的那個 Top 1，所以也可以訓練牠一些技巧，牠都會做得很棒唷。

如果你的毛小孩是獅子座，家裡可以準備許多零食、飲料與爆米花，因為牠會每天上演各種不同的表演來吸引你的注意，逗的你捧腹大笑。雖然自尊心強又喜歡當老大，獅子座毛小孩對爸媽可是特別的忠心，甚至會不惜一切代價，保護自己的爸媽，是非常好的伙伴唷！

表達方式

身為王者的獅子座，表達也如王者一般，霸氣且不容許拒絕，如果牠不喜歡做某件事，牠會很直接的讓你知道，例如甩頭就走或是大聲嚷嚷，彷彿牠才是 Boss，你要聽牠的。如果牠喜歡某人或想做某件事，獅子座毛小孩會用一種「是你自己心甘情願要為我服務」、「被我喜歡上是你至高無上的榮耀」，但如果你不答應，牠又會拗到你點頭為止，是不是有一種，很「傲嬌」的感覺呢？

生氣方式

王者嘛！當然沒有平民或臣子來的有耐性，獅子座毛小孩的脾氣不是太好，肚子餓會生氣、飯太難吃會生氣、窩不夠舒適也會生氣，但牠最大的地雷是「不被尊重」，獅子座毛小孩的自尊心非常的強，如果聽到你說牠的不是，或不給牠們面子，心底便會升起熊熊烈火，當然，也很容易惱羞成怒。

如果獅子座毛小孩生氣了，你會很明顯的看出來，大吼大叫、亂咬東西，完全都在牠憤怒行為的合理範圍之內。除非你道歉，否則牠不會善罷甘休。

喜歡&不喜歡什麼

熱情洋溢的獅子座毛小孩，最喜歡受到矚目與關注，最好大家的焦點都放在牠的身上。因此牠會希望爸媽把牠打扮的漂漂亮亮，毛蓬鬆柔順再帶牠出去，讓牠昂首闊步接受每個人讚嘆的眼光。牠也喜歡受到大家的稱讚，例如「好棒！」、「你好漂亮！」等等，或吃些好吃精緻的零食，獅子座毛小孩會開心到屁股、尾巴都一起翹的高高的。

身為太陽之子，獅子座毛小孩無法忍受別人對牠的忽視、不尊重或勉強牠做不喜歡的事情，例如只把牠當作看門狗而沒有給予相對的照顧或稱讚，或是要牠穿醜到不行的衣服。如果有人不尊重牠，牠也絕對不會尊重對方，到達臨界點之後，甚至把那人當成灰塵一樣不屑一顧。

處女座汪星人個性

日期：8/23.24 ~ 9/22.23
星座屬性：土象星座
守護星：水星

個性

如果我要介紹處女座出場，可能得在幾天前就先告知牠，讓牠有準備的時間。處女座是 12 星座中，最龜毛、最需要有前置作業的星座，但也是最用心的星座。

處女座的毛小孩很有自己的原則與次序感，你不用擔心牠把家裡弄得亂七八糟（除非是家裡本身就太亂，讓牠忍無可忍）。處女座毛小孩很愛乾淨、喜歡整潔有秩序，做每件事都比其他星座來的小心謹慎，不太輕易嘗試新的事物。牠很挑剔，對身邊所有事物都會要求，乾淨的水、整齊舒適的環境、營養新鮮的食物是基本也是必須的。有時候牠會讓爸媽有失落的感覺，好像毛小孩都不夠黏他，處女座毛小孩比我們想像中獨立很多，只要有事先告知牠，整體環境良好又有事情做，牠可以自得其樂一整天，咬咬玩具、打打盹，不需要過多的關注，如果你很忙，無法花太多時間陪玩，牠會是很棒的伙伴。

處女座的守護星是象徵溝通、表達、學習的水星，因此處女座的毛小孩好學且聰明，學習力與記憶力都很強，學過的小技巧與把戲很容易就上手，對於爸媽或其他家人的指導，只要被牠認為是教導者，處女座毛小孩都很樂意聽話、遵守規範，完成對方交代的事項並且做好，甚至搶著做事情。牠大部分時間都很穩定，不太容易闖禍，所以很適合陪伴老人與小朋友，但前提是環境必須乾淨、整潔，不會有太多噪音，否則處女座毛小孩是容易緊張焦慮的。

與處女座的人一樣，處女座的毛小孩很怕犯錯，把事前溝通看得非常重要，會希望什麼事情牠都能「事先知道」，例如明天要去美容剪毛，你可能得從上星期就開始每天告訴牠，或是你後天有什麼行程，牠也希望自己可以事先瞭解，否則當牠一個人在家沒事做時，就容易想東想西、鑽牛角尖，把自己之前犯過的錯與你罵牠的話想過一遍，然後很崩潰的在家滾來滾去、緊張焦慮，覺得你是否不要牠了，當你回來之後，這一切又回歸正常，但只要你沒說明清楚，牠的內心戲是永遠演不完的。

🐾 表達方式

與雙子座共同為水星守護的處女座，溝通表達對牠來說十分重要，對於自己想要什麼，處女座的毛小孩非常清楚明白，由於個性不像雙子座的毛小孩那麼會表達、那麼放得開可以跟別人互動，牠的表達會比較偏向碎碎唸，嘴巴可能一直有嘖嘖聲或是動個不停，你會覺得牠好像一直在自言自語。如果處女座的毛小孩喜歡你，牠會很願意為你服務，你的指令幾乎都很願意去完成，也比較不會亂搗蛋，展現良好家教。

生氣方式

處女座毛小孩對自己要求很高，懂得自律及遵守規範，牠很少生氣，除非環境真的太髒，水與食物低於標準太多，或是太無聊沒有事情做（處女座如果無事可做是會暴走的）。

處女座毛小孩如果生氣了，牠會不停的碎念，持續的吠叫直到你神經衰弱為止。如果是地方太髒亂使牠受不了，牠便會把環境弄得更髒亂、更可怕，直到你願意清理，順便幫牠洗個澡為止。

喜歡＆不喜歡什麼

有點潔癖的處女座毛小孩，最喜歡牠身邊的一切都乾淨整齊，自己的玩具、娃娃都被有次序的放在箱子裡，水與食物都很乾淨營養。牠也喜歡自己每天都很忙碌，跑來跑去完成爸媽要牠做的待辦事項，並得到讚美。

處女座毛小孩不喜歡無所事事，牠會覺得自己很像廢物，什麼忙都幫不上，這時候牠就會開始舔腳、咬自己的毛等，一切鑽牛角尖的焦慮行為，當然牠也討厭突然而來的改變，例如在沒告知牠的情況下，把牠帶去洗澡或剪指甲，會讓牠憂鬱好一陣子（內心戲上演）。

天秤座汪星人個性

日期：9/23.24 ~ 10/22.23
星座屬性：風象星座
守護星：金星

個性

很多人說，天秤座是帥哥美女雲集的星座，善於打扮，有型又時尚。除了時髦之外，天秤座也是12星座中，最優雅且有禮貌的星座，非常重視自己的外在形象是否美麗協調。

天秤座的毛小孩，會給人一種很有氣質的印象，不需要你一教再教，牠似乎天生就很有禮貌、很乖巧。當一群狗打鬧在一起，天秤座通常不會在裡面，牠只會在旁邊觀看，享受有伴的感覺。天秤座毛小孩很好相處，牠不太會吃醋與爭寵，對其他生物都很友善，非常適合群居生活。身為和平使者的牠，很在意氣氛是否和諧，也因為如此，天秤座的毛小孩幾乎不太會去引起衝突，會用較平和的方式處理問題，如果有人責罵牠或有生物要找牠吵架，天秤座毛小孩會很安靜平和的看著對方發怒，並依然優雅美麗的做著自己的事情。

與金牛座同樣被金星所守護，天秤座毛小孩的品味也是特別的好，牠對美麗非常堅持，無法接受自己不漂亮，所以基本上，爸媽帶牠去美容院洗澡、修剪指甲、剪毛，或要穿漂亮的衣服，拍拍照，牠不會太排斥。天秤座毛小孩就像名媛貴婦一樣，良好的家教、令人賞心悅目的外在，讓爸媽帶出去非常有面子，牠其實挺喜歡這樣逛街散心的，只要不走太多的路或是做大量的運動，天秤座非常樂意伴著毛爸媽走天涯（如果能不要落地一直被背著最好！）

如果你家裡常常有客人往來或有許多寵物，天秤座毛小孩會是你最適合的伙伴，牠堪稱 12 星座中的 social 天王、天后，十足的公關狗，不管是對待家人或客人都非常友善，很願意好東西與好朋友分享，可能是自己的零食、玩具，也可能是自己的爸媽（有時候真令人哭笑不得），但如果你長時間不在家，建議給你的天秤座毛小孩找個伴，因為怕寂寞的牠，是無法忍受獨處太多時間的。

表達方式

身為和平主義者，天秤座毛小孩會盡量讓氣氛和諧，所以通常不太會表達自己真實的想法，或是很慢才表達出來。有選擇障礙的天秤座毛小孩很容易猶豫，問牠喜歡哪一種零食，牠可能就定格在零食前面，直到選出那個零食為止。所以幾乎都是你幫牠選擇居多，只要不要太過份，牠都是可以配合的。如果想知道天秤座毛小孩喜歡哪一個人，當然就是看牠緊緊跟著誰或老是賴在誰旁邊了（拿食物的除外）。

生氣方式

屬於風象星座的天秤座毛小孩，EQ 非常的好，愛好和平的牠很少生氣，除非真的太過份，例如毛爸媽一直不回家，或是對待牠與別的寵物太過差別待遇，牠才會因為覺得寂寞、心裡不平衡而發發怒。

天秤座毛小孩如果生氣了，不會像白羊座、獅子座毛小孩大發雷霆，也不會像巨蟹座毛小孩一樣歇斯底里，就算生氣的牠仍然害怕衝突，所以可能搞失蹤給爸媽看，或是趁爸媽不在的時候咬牠認為最美麗的拖鞋洩憤，甚至在爸媽朋友來時，哭倒在對方懷裡（這哪招）。

喜歡＆不喜歡什麼

超會享受狗生的天秤座毛小孩，最喜歡美麗的東西與有人陪伴，牠會希望爸媽常常幫自己打扮，讓牠天天都漂亮，也希望每天都有爸媽或兄弟姊妹在身邊。

除了獨處，天秤座毛小孩也不喜歡「不公平」，雖然不太會爭寵，但牠的心裡其實會去計較你對誰比較好，如果你的毛小孩是天秤座，牠又恰巧有其他兄弟姊妹的話，建議你要公平對待每一隻，牠才不會翻臉唷！

天蠍座汪星人個性

日期：10/23.24 ~ 11/21.22
星座屬性：水象星座
守護星：冥王星

個性

天蠍座可以說是 12 星座裡面最難懂的星座，他們深藏不露、喜怒不形於色，甚至在面對大風大浪時，臉上還可以平靜無波，完全無法得知他們腦袋裡究竟在想什麼。

天蠍座毛小孩是一個很有趣的存在，被冥王星所守護的牠，帶著極端的性格與深沈的個性，洞察力強的牠很穩定，看到陌生人不太會亂吠叫，會先待在原地觀察整個情勢，如果對方只是經過、沒有太大威脅，天蠍座毛小孩會很冷漠，反正也不甘牠的事，但如果陌生人是有威脅性的，不管是威脅到牠還是爸媽，天蠍座毛小孩會用迅雷不及掩耳的速度衝上去攻擊，對方不會有任何反應時間與事先知道的機會，所以牠也是守護家園的好伙伴。別看牠外表冷漠，天蠍座毛小孩是很忠誠的，可能一生只認定一個毛爸媽，並不是說會對其他人不友善，而是牠會全心全意在牠所認定的那位身上，天蠍座毛小孩的愛專注且堅定，牠會把自己完全奉獻給對方，甚至為對方豁出性命，但相對的，你也必須用等量的感情來回應牠。

「默默的」對天蠍座來說，是最好的形容詞，牠不像獅子座，要大家的目光都聚集在牠身上，或做些吸引眾人的行為，天蠍座毛小孩喜歡窩在某個不起眼卻可以看到整個環境的角落，觀察眼前所有人事物，再來決定自己要怎麼行動。和天蠍座的人一樣，天蠍座毛小孩意志力堅強，牠善於完成不可能的任務，個性也非常固執，一旦決心想做什麼事、有什麼目標，便一定要達成，不達目的決不善罷甘休，就算你禁止牠去做，天蠍座毛小孩還是會在你看不到的地方，默默完成牠的秘密計畫。

如果你的毛小孩是天蠍座，你又是個重感情的人，那非常恭喜你有隻很適合你的毛孩子，也許牠一開始不是那麼好親近，神神祕秘、常常消失，又很難去相信別人，但只要牠認定你，你便是牠一生最愛的人。不過天蠍座毛小孩的獨佔性非常強，不願意跟別人共享，所以建議你就養牠一隻就好。

🐾 表達方式

因為被冥王星所守護，天蠍座的個性也像這顆星一樣的兩極，「不鳴則已，一鳴驚人」，平常默不作聲，一旦表達便要全部人都知道牠的要求與想法，甚至可能做出很激烈的行為，例如咬了你最愛的鞋子或把自己的腳毛吃光了。如果天蠍座毛小孩特別喜歡誰，通常牠的眼神都不會離開那個人，但對方不一定會知曉。

生氣方式

天蠍座的脾氣不差，但也不是太好，生氣的原因可能有很多種，有可能是記仇記到現在才算帳，也可能是因為吃醋，畢竟牠的佔有欲特別強。

如果天蠍座毛小孩生氣了，牠不會像獅子座毛小孩一樣大聲咆哮、搗蛋，也不會用哭用哀求的方式鬧脾氣，牠反而會越來越冷靜、越來越冷漠，暗暗擬定報復計畫，「君子報仇，十年不晚」，待到有一天再一次把帳算清，但在這之前也不會給你太好的臉色。

喜歡&不喜歡什麼

由於天蠍座毛小孩佔有欲很強，牠最喜歡的就是——所有的東西都是屬於牠，牠的玩具、牠的床、牠的食物，爸媽也要都是牠的，只要牠喜歡的玩具，牠可以自己玩上好久，直到玩具壞掉為止。

也因為佔有欲特強，牠的眼裡容不下一粒沙子，無法忍受自己的玩具、食物、窩，給別人使用或是自己的爸媽抱別的狗，更別說是背叛、欺騙行為，例如用食物騙牠然後出門，或在生氣的時候說要把牠丟掉或不要牠，對牠來說是深深的傷害。

射手座汪星人個性

日期：11/22.23 ~ 12/20.21
星座屬性：火象星座
守護星：木星

個性

射手座是 12 星座中最樂觀的星座，幾乎很少看到他們有煩心的事情，只要出去玩一玩、睡一覺，一切煩惱便被拋到九霄雲外，他們也是 12 星座中最國際化的星座，喜歡瞭解外國文化、語言，到各地旅行。

射手座毛小孩很可愛，有用不完的精力與瘋狂愛冒險的個性，生活上很多東西都可以變成玩具，可以玩追逐一整個下午，或是玩益智遊戲一個早上，牠特別享受那種破關成功，得到獎賞的感覺。對牠來說，整個狗生就是一場遊戲，要如何把狗生玩得很精彩，是一門大學問，牠會很熱情的邀請你來跟牠一起玩，既有活力又雀躍，不會意興闌珊的躺在地上懶得動，去公園、附近 7-11 或長途旅行，牠都會很開心。也因為這樣可愛、耍寶、有點小瘋癲的個性，讓你意外結交到許多朋友或促成一段美麗的姻緣，不過帶牠出去要記得把牠牽牢或看緊，最好在有邊際的地方玩樂，或是在狗牌上寫你的電話與姓名，防止牠太貪玩不想回家或失控狂奔不見狗影。

射手座的毛小孩適應力很好，本身就是絕佳的旅行者，所以不用擔心牠無法適應新環境，會不會水土不服而生病，牠的身體可是非常的好呢！只要多出去曬曬太陽，射手座毛小孩似乎就能得到養分（是植物嗎？）。牠很獨立，就算你沒辦法一整天都待在牠們身邊，那也沒關係，射手座毛小孩會自己去找事情做，玩玩具、在家裡奔跑，當然也可以給他找個伴，但不要找像金牛座、天秤座、巨蟹座，比較懶又不愛動的，射手座毛小孩應該會崩潰。

如果你是一個喜歡自然環境，喜歡旅行、粗線條、不拘小節的人，射手座毛小孩會是你很棒的夥伴，牠喜歡戶外活動，樂觀、搞笑且容易滿足，你不需要花太多時間取悅牠，牠會自動為你的生活增添很多笑點，但也由於活動量大、好奇心強、有點過動又神經太大條，射手座毛小孩常常闖禍，不過牠不是故意的啦！

表達方式

射手座的人一向直來直往，想到什麼就說什麼，不太會拐彎抹角，射手座的毛小孩也是，當牠有什麼需求時，牠會用牠認為「很明確」的方式告訴你牠想做什麼，跟白羊座毛小孩的表達方式很像，射手座毛小孩稍微有耐心些（可以跟你玩一下猜猜樂），而且射手座是出了名愛辯論的星座，所以也有可能發生你在罵牠，有狗回嘴的狀況。

生氣方式

射手座雖然個性隨和，神經大條，不過生氣的時候也是挺恐怖的，因為愛好自由，射手座毛小孩生氣的原因通常都是因為被關太久，牠不知道你出去辛苦賺錢養牠，反而會覺得你為什麼可以一直出去逍遙，牠就只能在家裡無聊，然後就爆炸搗蛋了。

摔東西、踹人、罵人不帶髒字直到對方認輸為止，都是射手座生氣有可能做出的行為，射手座毛小孩生氣雖然會造成大災難，可能把東西都咬爛，但也會讓你又好氣又好笑，因為牠不會裝可憐、不會去躲起來，牠會回嘴，會跟你一來一往。

喜歡&不喜歡什麼

射手座毛小孩最喜歡到處玩耍、交交朋友，享受大自然與新鮮的空氣，沒有任何拘束、自由自在的奔跑與翻滾，或是跟爸媽玩互動式的拋接遊戲（只要能跑就好），玩到精力用盡再被扛回家。

喜歡到處玩耍的牠，最討厭被限制自由，例如被關籠，或是只能在家裡，無法呼吸外面的空氣。帶射手座毛小孩出去記得要用牽繩，不然要記得幫牠植晶片，否則一放出去就會像脫韁的野馬一樣找不回來。

摩羯座汪星人個性

日期：12/21.22 ~ 1/19.20
星座屬性：土象星座
守護星：土星

個性

摩羯座是 12 星座中最成熟穩重的星座，他的心智年齡通常都比實際年齡更長，年輕時會常常被說很操老（台語），但隨著年紀增長，摩羯座會有越看越年輕的趨勢。

摩羯座的毛小孩很古意，你交代的事情只要教過牠，牠便會努力去做，也許一開始似乎差強人意，但一次一次做下來會越來越好，最後甚至超過你的要求。因為個性太古意，牠不會舉一反三，如果牠走直線，途中你突然改變想法要牠轉彎，摩羯座毛小孩可能會楞在原地反應不過來，雖然有時候會給人遲鈍的印象，但其實牠屬於大器晚成型的。摩羯座毛小孩很有責任感，在一個團體中，如果沒有領導者，牠會主動擔任這個責任，但不是像白羊座或獅子座一樣帶大家闖禍、耍寶，摩羯座毛小孩是帶著大家遵守規範。牠很中規中矩，也比較嚴肅，可能生活態度比你還認真，該吃飯的時候就要吃飯，該睡覺的時候就要睡覺，該做事的時候就要做事，很少將生活拿來耍耍廢、玩樂，甚至還會有點鄙視你有些糜爛的生活。對於牠的狗生，最重要的就是盡好自己的本分，做些牠認為有意義的事情。也許你會覺得摩羯座毛小孩很無趣，沒錯，但牠非常穩定，可以獨自在家不會搗蛋、給你找麻煩，對你也不會有太大的依賴或黏人。

如果你是一個工作狂，不喜歡人生有太大變化又想養隻毛小孩陪伴自己，摩羯座毛小孩很適合你，雖然牠不會給你的生活中帶來太多的驚喜，但牠願意守候在你身邊，樂於為你服務、等你的指令。由於被土星所守護，牠也比較長壽，可以陪你久一些。

表達方式

對摩羯座來說，非工作需要，他其實不會想講太多話，也不太輕易去表達自己，因為「做比說來得更實際」。所以當摩羯座毛小孩想要什麼，牠會先自己想辦法，如果真的做不到，才會來找你求助。牠不太會表達情感，有時候你要跟牠玩，好像也玩不太起來，但如果牠很喜歡你，牠會把牠的東西叼來給你，把牠認為實用、重要的東西送給你，牠就是這麼實際的孩子啊！

生氣方式

摩羯座的脾氣其實算好的，除非你一直勉強牠做既沒意義又浪費時間的事情，或是在牠認真的時候不斷的煩牠、干擾牠，牠才會稍微不開心一下，不然其實牠忙得很，也懶得理你。

如果摩羯座毛小孩生氣了，牠會開啟工作狂模式，只專注在牠要做的事情，把你當成空氣，也可能會像處女座毛小孩一樣碎碎唸。

喜歡&不喜歡什麼

摩羯座毛小孩喜歡把時間花在有意義的人事物上，牠喜歡工作，完成爸媽交代的種種事項，把事情做完做好並得到獎勵的感覺會讓牠特別有成就感。

與摩羯座的人相同，摩羯座毛小孩不喜歡浪費時間在沒有意義的人事物上，一再重複、不會有任何成長的遊戲會讓牠失去耐性、不再聽話。如果你丟球給牠，第一次也許牠會幫你撿回來，但後面幾次牠便會轉過頭來看著你，好像是在問著：「Why?」

寶瓶座汪星人個性

日期：1/20.21 ~ 2/18.19
星座屬性：風象星座
守護星：天王星

個性

寶瓶座是 12 星座中最搞怪的星座，有時彷彿走在時代的尖端，有時又似乎在最尾端，他很叛逆，不喜歡與別人一樣，有自己的獨特風格與想法，有時候甚至會為了反對而反對。

寶瓶座的毛小孩很不按牌理出牌，今天喜歡吃雞肉條，明天卻喜歡上了牛肉條，你很困擾，請溝通師幫忙想知道雞肉條有什麼問題，為什麼牠不喜歡了？牠也只是透過溝通師跟你表達：「沒有啊，我只是突然想吃牛肉條而已。」，如果牠喜歡牛肉條，全部人都跟風喜歡牛肉條的話，牠就不再喜歡牛肉條了，心裡 os:「幹嘛要跟其他人一樣啊！」，當你叫牠坐下的時候，寶瓶座毛小孩偏偏就是會趴下給你看，不是牠不會、聽不懂指令，而是根本不想坐下，牠超級聰明，是一個又一個叛逆又難搞的孩子，身為牠的爸媽真的會超傷腦筋的。

寶瓶座毛小孩很特別，在團體中總是會特別突出，但牠並不會擺架子或是欺負其他同伴，一開始牠會保持著適當距離，當發現投緣之後，便會很友善，容易跟其他動物成為朋友。寶瓶座毛小孩喜歡獨來獨往，可以自己找樂子，也能夠照顧自己，所以不需要太擔心把牠一隻狗放在家，牠反而會很享受自由、獨立的空間。

如果你是一個喜歡有自由空間、不喜歡被黏，卻也喜歡夥伴的人，寶瓶座毛小孩很適合你，只是有時候牠真的叛逆且機車，你可能要多包容牠們一些，一旦發現你懂牠，也是會對你很親切啦。

表達方式

寶瓶座的人表達偏向跳躍式，本來在聊美妝，可能又突然跳到寵物去，如果不是夠瞭解他，很難跟上他的速度。寶瓶座的毛小孩也是，非常跳Tone，只要認為你瞭解牠、懂牠，牠很樂於表達自己，甚至有些喋喋不休，一旦覺得你似乎無法理解，牠便會離開去找自己的樂子，認為與你「道不同，不相為謀」。就算牠喜歡你，你好像也不太能感覺到，因為寶瓶座毛小孩是不太撒嬌的，你甚至還覺得牠是不是討厭你勒。

生氣方式

寶瓶座的毛小孩不太容易生氣，獨樹一格的牠很難受到外界的影響，對於沒興趣的事情大多都處於冷漠的狀態，除非有人打擾到牠的空間，否則寶瓶座毛小孩其實懶得理對方。

如果寶瓶座毛小孩生氣了，轉身走人、離開現場是牠最常做的事情，好像這一切與牠無關一樣。當然也會有一些任性的行為與令人掉下巴的事件，反正寶瓶座就是如此的難預料。

🐾 喜歡＆不喜歡什麼

寶瓶座的人很多都是 3C 迷，收集各式各樣的 3C 產品或愛打線上遊戲，寶瓶座的毛小孩也是，牠對電器用品充滿好奇，喜歡與電線為伍。當然，牠最喜歡的還是有自己的空間。

射手座很愛好自由，寶瓶座也是，寶瓶座毛小孩特別討厭別人在牠獨處的時候，頻頻打擾牠，或被管這個管那個，牠會給對方無限的白眼。我就曾經因為一直假哭，打擾獨自玩得很開心的曼斗，被牠翻了好幾個白眼（哭）。

雙魚座汪星人個性

日期：2/19.20 ~ 3/19.20
星座屬性：水象星座
守護星：海王星

個性

雙魚座是 12 星座中最善解人意的星座，單純、可愛且富有同情心，許多雙魚座的人都有雙會說話的眼睛，不像天蠍座有銳利的目光，雙魚座的眼神是柔和的，有時候笑起來，這雙眼睛會變成一條線，非常的迷人。

雙魚座毛小孩既害羞又怕生，對於不熟悉的人事物、新環境，都會比較膽怯，縮在毛爸媽旁邊或自己的外出籠裡，當有陌生人來臨時，牠也會躲在自己認為安全的地方，能不見就不要見（是在躲舊情人嗎？），但如果來的是牠所認識、喜歡的對象，就會毫不猶豫的奔出去，拼了命的撒嬌，對來者表示誠摯的歡迎，有人說雙魚座與天秤座毛小孩都適合作迎賓狗，因為牠們的回應會讓客人覺得得體窩心，我倒是認為，雙魚座只能「迎熟人」，不然一直避不見面，完全沒有任何迎賓的效果呀！不過雙魚座雖然膽子小，卻有顆願意犧牲奉獻的心，像是許多盡責的導盲犬，雙魚特質都很強！

雙魚座毛小孩的直覺很強，你發生的事情，例如極度沮喪、不安的心情，或你的生命中走進了其他人，像是交了新女友、懷孕，準備要結婚，你的雙魚座毛小孩幾乎都會有所感覺。牠重感情又容易滿足，如果你愛牠，用心對待牠，雙魚座毛小孩願意用自己的整個世界換得你的快樂，也因為如此牠變得更敏感，容易因為你的無心之舉，例如你在忙牠卻要你陪牠、講話稍稍大聲不耐了些，變得不安和傷心。

如果你的毛小孩是雙魚座，請確保自己能夠很愛很愛牠，並讓牠知道，雙魚座毛小孩需要細心、溫柔的照顧，特別是情感的呵護，抱抱牠，或是用溫柔的眼神看著牠，你的雙魚座毛小孩便能瞭解你是愛牠的，也許牠會很依賴你、很黏你，但這無非是一種甜蜜的負擔呀！

表達方式

雙魚座毛小孩很溫柔又體貼，表達的方式也會比較委婉，不會給人不舒服的感覺或是帶有侵略性，牠不會突然大聲咆哮狂吠，除非牠被什麼嚇壞或受傷才會慘叫，例如：被門夾到。如果牠愛你，你很明顯感覺的出來，因為牠會常常膩在你身邊不走，跟著你，或是跟你撒嬌，也想讓你多喜歡牠一些。

生氣方式

個性柔和、配合度又高的雙魚座毛小孩，其實不太容易動怒，就算生氣了，也不想用激烈的方式傷害別人，反而會沮喪及生病，牠可能會哀鳴、擠眼淚、無精打采，讓你知道牠有多麼委屈。但如果是在極度受驚狀態下，牠可能會見笑轉生氣，因為雙魚座嚇不得嘛。

喜歡&不喜歡什麼

嬌憨可愛的雙魚座毛小孩，最喜歡的就是被疼愛的感覺，覺得有人愛是全世界最幸福的事情，牠會不斷的跟對方撒嬌，一整天都想跟對方膩在一起。雙魚座毛小孩也喜歡睡覺，有時候你看牠躺在地上突然動一下，或是呈現跑步的姿勢，牠可能在睡夢中又去哪裡玩了。

雙魚座不喜歡一個人（一個狗），敏感、脆弱的牠很容易受到驚嚇或感到孤單，雙魚座毛小孩是禁不起任何的傷害的，所以盡量不要單獨把牠留在家裡太長的時間，如果真的沒辦法，可以買個娃娃陪伴牠。

12 星座毛爸媽 VS 12 星座毛小孩

白羊座毛爸媽

「快一點！」似乎覺得這句話有些耳熟，身為白羊座，不管是直接講出來或是心裡在吶喊，都常常會出現這三個字。白羊座是一個目標性與執行力很強的星座，一旦設定目標，便要用快、狠、準的方式去達成，否則一下就沒電了，他們膽子很大，不害怕嘗試新的事物，所以在遊戲、極限運動或要做什麼事時，幾乎都是大喊「我先～！」，會打頭陣的那一個，他們也喜歡當領導人，但領著做事或領著搗蛋都有可能。重視效率的白羊座，做事情的態度非常積極，而且有使命必達的決心，如果有障礙也會毫不考慮的踢到一邊，所以容易給人有太自我中心、自私的感覺。

白羊座的人其實不太有心機，屬於直覺式思考的他們通常想到什麼，就馬上行動，不會還要花上一天很認真的想要怎麼算計別人，但也因為有時候太過度直覺式思考，考慮事情往往不夠周詳，容易使自己後悔或粗心。白羊座講話很快，單刀直入不會拐彎抹角，有時候你會覺得白羊座「幹嘛那麼凶啊！」，其實他們只是嗓門大啦！不過如果要跟白羊座聊天、講事情或告白，不需要前面鋪陳一大堆，不用說：「你是否願意陪我浪跡天涯，看盡天下人情冷暖、相伴一生呢？」，白羊座會看著你，楞了兩秒之後說：「講中文」，讓你的氣勢瞬間弱掉。白羊座沒什麼耐性，脾氣來的快去的也快，一旦有情緒上來或生氣時，通常不會悶在心裡，會用比較強烈的方式表達，不爽直接說，難過直接大哭，也容易因為心直口快講出令人受傷的話，雖然自己氣完、發洩完沒事了，但在別人心中已經造成永久的陰影與關係的傷害。對於喜歡的人事物，白羊座會很主動，積極的追求、強烈的為對方付出，他們熱情如火，但如果久久得不到回應或對方太慢熱，火很容易就熄滅了。白羊座很有義氣，會為朋友兩肋插刀，甚至會把對方的事攬在自己身上要幫忙，但有可能因為個性太急，導致幫倒忙的狀況發生。

活潑好動的白羊座，適合跟他們一樣精力旺盛的狗狗，可以一起出去踏青、郊遊、跑跑步，而不是他想揪自己毛孩出去玩時，對方卻懶懶的躺在地上，一副意興闌珊的樣子。要當白羊座的狗狗，動作要夠快，如果叫他們，很慢很慢才過來，或是撿球要撿不撿的話，毛爸媽可是很快就會沒耐性的。

✪ 適合的毛小孩星座：白羊座、獅子座、射手座

白羊座毛爸媽 VS 白羊座毛小孩

你與你的毛小孩合得來嗎？

白羊座與白羊座的組合，就像兩團熊熊烈火碰在一起，每天的生活都充滿了挑戰與變化，過著你們覺得刺激有趣，旁人覺得可怕驚險的生活。你本來就不是一個安靜的人，牠則是可以被任何東西吸引注意力並做出反應的自嗨狗，因為個性很相似，你們在生活上其實也常常衝突，不過好在你們都滿不拘小節的，就算生氣過也很快就會和好。仍然是彼此最好的朋友，儘管你的生活已經被他搞的一團亂。

✪ 合得來指數：70%

你與毛小孩的相處建議

跟白羊座毛小孩相處一定會有很多氣要生，但希望你多一些耐性教牠規矩，做錯事情再責備牠，而不是因為煩悶所以遷怒於牠。白羊座毛小孩其實是可以訓練的，只是訓練的方式要快狠準，如果不管怎麼做都會被罵，牠便會覺得很不耐煩，根本不想聽你的。犯錯時嚴厲，但達成目標時「馬上」給予實質的獎勵，對白羊座毛小孩是很有效的訓練方式。

毛小孩有話要說

「我知道我有時候很不乖，會衝動破壞，可是你的脾氣也很壞，不要拿我出氣好嗎？甚至把我摔來摔去。」

白羊座毛爸媽 VS 金牛座毛小孩

你與你的毛小孩合得來嗎？

白羊座毛爸媽與金牛座毛小孩的組合，就像龜兔賽跑裡面的烏龜跟兔子，是完全相反的個性。白羊座很喜歡往外跑，交朋友、冒險，嘗試一些新鮮刺激的活動，金牛座毛小孩則否，牠對突發事件反應不過來，對新東西不知所措，很慢熟且重視安全感，不喜歡處在一直變動的環境，與其要跟爸媽出門，牠寧願待在家，好好放鬆休息等他們回來，就算真的要出門，也要是牠曾經去過、較為習慣的地方。

✪ 合得來指數：30%

你與毛小孩的相處建議

金牛座的毛小孩比較慢熟，需要時間適應整個環境、人或其他同伴，請給牠一些時間，牠不是效率型的生物，所以不要催促牠，讓牠感覺安全並慢慢的把心房打開。對於金牛座毛小孩的一些行為，建議及早訓練與培養，因為牠容易形成習慣，一旦習慣了就很難去做改變，趁還沒養成習慣，有耐性的教導牠，避免很急迫的口氣或疾言厲色的表情，否則金牛座毛小孩會很害怕。

毛小孩有話要說

「爸爸＆媽媽，請你多看我的優點，我雖然動作很慢又很愛吃，但是我很忠誠，也會很乖，對我要有耐性一點。」

白羊座毛爸媽 VS 雙子座毛小孩

你與你的毛小孩合得來嗎？

白羊座毛爸媽與雙子座毛小孩都很好奇、適應力也很強，喜歡嘗試新鮮、有趣、有變化的東西。你們都喜歡交朋友，你可以帶著牠趴趴走，喜歡玩樂的你，會教牠一些有趣的把戲，例如裝死、翻滾、拜拜，希望牠馬上學起來，雙子座毛小孩的學習力非常好，懂得舉一反三。若論膽量，你的雙子座毛小孩絕對比你膽小很多，牠雖然喜歡嘗試但就是淺嚐即止，有個小小經驗或學個大概就可以了，如果硬逼牠做一些超越極限的事情，牠可是會吃不消的。

✪ 合得來指數：50%

你與毛小孩的相處建議

雙子座毛小孩的學習力極佳，所以毛爸媽務必重視「身教」與「言教」，不要講一些不雅的話，你應該不會想要哪一天請了寵物溝通師，對方第一句話就問：「不好意思，請問家裡有人罵髒話嗎？」。毛小孩耳力很好，尤其是雙子座，牠可以聽到很細小的聲音，所以不要對牠咆哮，會使牠很不舒服，雙子座本來就容易緊張，你這樣一吼，會讓牠更害怕、更容易受到驚嚇，之後就會像隻驚弓之鳥一樣，什麼都不敢做。

毛小孩有話要說

「我很好奇，有時候也會很膽小，請不要勉強我做我不想做的事情，容易讓我咳嗽。」

白羊座毛爸媽VS巨蟹座毛小孩

🐾 你與你的毛小孩合得來嗎？

白羊座毛爸媽與巨蟹座毛小孩的組合，就像遊子與母親，當你出去的時候，希望每個成員都在家的巨蟹座毛小孩會很惦記你，一直坐在門口等待著，想在你回家的時候給你熱烈的歡迎。有時候牠會很擔心，深怕你不回家，或是不愛牠了，所以每次你忙或出去玩到半夜才回家，一開燈，就會有一位怨婦趴在地上看著你（怎麼好像拍鬼片），就是你的巨蟹座毛小孩。 **✪ 合得來指數：30%**

🐾 你與毛小孩的相處建議

巨蟹座毛小孩很懂得看臉色，你開心時牠會過來撒嬌，難過時會想要來安慰你，生氣時時會盡量離你遠遠的，怕你拿牠當出氣筒。牠很情緒化也容易杞人憂天，當情緒來的時候，牠可能會變得有一些些攻擊性，不喜歡人家碰牠，但並不是故意的，就像有些女生月經來，可能會煩躁、不喜歡被打擾一樣，希望你不要因此而不喜歡牠，不要牠了。

🐾 毛小孩有話要說

「當我心情不好的時候，請不要玩我，也不要拿我出氣，我覺得你們都不愛我。」

白羊座毛爸媽 VS 獅子座毛小孩

你與你的毛小孩合得來嗎？

同屬於火象星座的你們，兩者都有著活潑外向的個性，在人多的地方都可以生存的很好。獅子座毛小孩天生就是要來秀給人家看的，如果一起出去的話，牠幾乎都會把你的風采搶走。因為脾氣很像，你們也常有衝突，生氣時你摔你的東西，牠摔牠的玩具，氣消之後仍然是很棒的夥伴，只要不去太嚴重傷害到牠，牠也是會大狗有大量的原諒你啦（明明就是牠的錯啊）。 **✪ 合得來指數：70%**

你與毛小孩的相處建議

面對獅子座毛小孩，必須要賞罰分明，做對時要大力稱讚牠，但做錯時也必須糾正牠。不過要記得，獅子座毛小孩的自尊心很強，當你在罵牠的時候「你好胖」、「你真醜」這些傷害牠的話定定不能說，特別是不要在眾人面前罵牠或勉強牠做不喜歡的事情，否則容易因為你一時的心直口快造成牠永久的心靈傷害。

毛小孩有話要說

「請尊重我的喜歡跟不喜歡的情緒，別讓我在大家面前覺得很丟臉，因為你們生氣起來，都會讓我覺得沒有自尊，但是我又很喜歡你們跟我玩的方式，讓我覺得非常開心。」

白羊座毛爸媽 VS 處女座毛小孩

🐾 你與你的毛小孩合得來嗎？

當不拘小節、大咧咧的白羊座毛爸媽，遇上謹慎小心、在意細節的處女座毛小孩，你們彼此好像都不太習慣對方啊！個性完全不一樣，行事作風也完全不同，你會認為毛小孩就是應該去曬太陽、跑跑步，所以總是想帶牠出去。但你的處女座毛小孩有一套自己的生活作息，如果牠習慣出去的時間是早上 9:00，下午 3:00 你想帶牠去走走，很可能是牠的午休時間了，牠當然不想出門啊。

✪ 合得來指數：30%

🐾 你與毛小孩的相處建議

處女座毛小孩喜歡有規律的生活作息，安靜、良好的生活品質及乾淨整潔的生活環境，如果你養了一隻處女座毛小孩，你可能要犧牲一些，不要常常在家裡放重金屬音樂，也不要勉強牠一定要跟你出門，最重要的是，記得每隔幾天就要把房子打掃一遍，讓你們都有整齊潔淨的生活空間。

🐾 毛小孩有話要說

「我不喜歡噪音的環境，我希望有規律的來規劃我的生活，謝謝你們給我一個家，但請讓我有自己的作息，不要隨便帶我出門，還有請打掃，讓家裡乾淨。」

白羊座毛爸媽 VS 天秤座毛小孩

🐾 你與你的毛小孩合得來嗎？

白羊座毛爸媽與天秤座毛小孩的組合，就像藝人與經紀人，你負責把牠介紹到你的社交圈裡，讓牠交了許多朋友，讓別人都看到牠，你還得照顧牠、維持牠的形像。你們的喜好幾乎是相反的，你喜歡往外跑，做做運動，冒冒險，看看鬼片，對於獨自生活非常有自信也很享受。天秤座毛小孩喜歡懶洋洋的待在家裡，你會常常看到牠躺在地上，或是用非常淑女的坐姿坐在你面前，吃吃點心享受牠的狗生，逛逛街還可以，去跑步？那還是免了吧！

✪ 合得來指數：40%

🐾 你與毛小孩的相處建議

天秤座毛小孩很需要陪伴，只要你待在牠身邊就能夠滿足，不需要一直把眼光放在牠身上，繞著牠轉，但如果你不常在牠身邊，建議給牠找個伴。天秤座喜歡美麗的東西，害怕粗魯的人事物，所以在牠面前盡量好言好語，有氣質及風度，牠會非常感謝你的。

🐾 毛小孩有話要說

「請不要用髒話罵我，會讓我覺得很受傷和很沒風度，你們也不要常吵架，會讓我很害怕，這樣會影響我的身體。」

白羊座毛爸媽 VS 天蠍座毛小孩

你與你的毛小孩合得來嗎？

白羊座毛爸媽與天蠍座毛小孩的組合，是你永遠預料不到，牠會做些什麼，天蠍座毛小孩擅長完成不可能的任務，也會「暗中」做一些你不准牠做的事情，例如趁你不在偷開冰箱或跑到床上等等，有時候白羊座毛爸媽會很難想像是天蠍座毛小孩做的；「拜託，牠怎麼可能做那種事？怎麼學會的啊？」，別小看牠，天蠍座毛小孩可是很厲害的。

✪ 合得來指數：50%

你與毛小孩的相處建議

天蠍座毛小孩，對大咧咧的白羊座毛爸媽來說會有點負擔，因為牠的心思與想法都比爸媽來的複雜很多，牠直覺很強，常常提早感覺到你沒發現的事情，但你往往會覺得怎麼可能，不會去想那麼多，先別急著否定牠們，也許真的有可能發生。有時候天蠍座也挺情緒化的，所以當牠心情不好時，別鬧牠，別煩牠，讓牠自己獨處、充電一下就好了！

毛小孩有話要說

「當我心情好的時候，謝謝你帶我出去玩，讓我覺得可以把很多能量釋放出去，可是如果我需要安靜的時候，請不要來打擾我。」

白羊座毛爸媽 VS 射手座毛小孩

🐾 你與你的毛小孩合得來嗎？

白羊座毛爸媽與射手座毛小孩的組合，大概就像兩個小朋友玩在一起。對於任何你想要做的事情，你的射手座毛小孩都會一樣的有興趣、雀躍，甚至比你還興奮呢！你們都喜歡大自然，會一起出去散步、跑跑，曬太陽，牠樂於跟著你上山下海，反正牠也是個靜不下來，極度愛冒險的孩子。如果只有你們一起住，牠很願意不拘小節的跟你一起邋遢，不會給你很多要求，你們相處起來會非常輕鬆愉快，每天都不會無聊。

✪ 合得來指數：80%

🐾 你與毛小孩的相處建議

你們有很多共同的優點與興趣，但同樣的缺點也很相似，白羊座毛爸媽與射手座毛小孩脾氣都不好，很容易有衝突，有時候你生氣了，或是真的覺得牠很煩，就會把牠關在家裡，這時牠也會生氣，決定要大鬧一番。對待射手座毛小孩，可以用遊戲的方式讓牠學習，你也可以一起參與、一起玩。

🐾 毛小孩有話要說

「我們是天生的一對，玩得很瘋，我是你旅行的好夥伴，請你不要覺得我很煩，就把我放在家裡。」

白羊座毛爸媽VS摩羯座毛小孩

你與你的毛小孩合得來嗎？

白羊座毛爸媽與摩羯座毛小孩的組合，角色換完全顛倒，變成牠是爸爸，你是兒子，而且是嚴肅認真的爸爸VS活潑好動的兒子。摩羯座毛小孩讓你很放心，牠很穩定，幾乎不太會給你貼麻煩，可以自己在家，還會幫你做事情，例如看小孩、顧門等等，只要是工作上的事情牠都會很認真，但工作之外的事情，就要看牠覺得有沒有意義了。

✪ 合得來指數：30%

你與毛小孩的相處建議

基本上你不用為摩羯座毛小孩太操心，牠會很乖的在家裡等你回來。白羊座的你很重視新鮮感，你會覺得與摩羯座毛小孩相處有點無趣，了無新意，但不要因此而越來越對牠不用心，就算覺得牠會顧好自己，你還是要負起自己應該盡的責任，別忘了餵牠，或幫牠換水。

毛小孩有話要說

「請不要忘了給我餵食，我知道你很忙，但是也要像我一樣，我會是一個很顧家的狗狗，會很有責任的做好我本分的工作，而且我很適合陪伴阿公阿嬤。」

白羊座毛爸媽 VS 寶瓶座毛小孩

🐾 你與你的毛小孩合得來嗎？

白羊座毛爸媽與寶瓶座毛小孩的組合，有點像是你在外面探險，偶然發現了一個奇怪的空間，裡面是不知道來自哪裡的外星人，那就是寶瓶座毛小孩。對你來說，你的寶瓶座毛小孩身上，好像有很多東西值得你去探索，讓你非常好奇，你會一直叫牠、鬧牠，期望牠可以回應你。但寶瓶座本來就不喜歡吵鬧，所以牠會覺得你很煩，只想在家裡找到一個屬於自己，不會被打擾的地方。

✪ 合得來指數：40%

🐾 你與毛小孩的相處建議

機動性很高、又熱情的白羊座毛爸媽，對於適應這件事是難不倒你的，雖然寶瓶座毛小孩會很有個性拒你於千里之外，你還是不會放棄，會一而再再而三的想找牠玩，用盡心思吸引牠的注意，然後覺得很有成就感（我怎麼覺得你們角色顛倒了，到底現在誰是爸媽），然而牠真的很喜歡獨處，所以還是別一直打擾你的寶瓶座毛小孩啦！

🐾 毛小孩有話要說

「當我喜歡獨處的時候你不要來煩我好嗎，尊重我的空間自由。」

白羊座毛爸媽 VS 雙魚座毛小孩

🐾 你與你的毛小孩合得來嗎？

如果白羊座的你有一隻雙魚座的毛小孩，你可能會覺得有點綁手綁腳，因為牠的個性、體質都比其他星座來的敏感、嬌弱，容易過敏、感冒等等，膽子也特小，講話大聲一點就嚇得逃之夭夭，甚至還會怕蟑螂。牠裝可憐的功力也是一流，如果剛好又長得很可愛的話，根本就是大家的寶啊！搞不好還拿到責罰豁免權。如果你家裡還有其他成員的話，當雙魚座毛小孩踏進你家時，你可能就開始失寵了。

✪ 合得來指數：30%

🐾 你與毛小孩的相處建議

不要期望雙魚座毛小孩能夠很勇敢的看門，在奔跑競賽中得到第一名，或跟其他狗兒打架，牠的膽子就跟螞蟻一樣小。在這個牠眼中只有你的世界，請善待你的雙魚座毛小孩，不要隨便責罵牠、拿牠出氣，或對牠使用暴力，因為牠除了你之外，沒有其他的依靠了，牠是很愛你的。

🐾 毛小孩有話要說

「我真的很怕你把我打死跟踢我，尤其是我嚇得亂大小便的時候！」

金牛座毛爸媽

金牛座是 12 星座中讓人感覺最溫暖的星座，也許是因為他的個性特別穩重老實，也或許是因為他們對人的忍耐限度與包容度都特別的大。金牛座的確既實際又重感情，很多孝順的孩子都具有很強的金牛特質，願意一直陪伴在父母身邊，默默的付出，不喊一聲辛苦。在連續劇中，通常金牛座不會扮演男一的角色，除非是「李大仁」，金牛座就是那種，當你流浪了地球一整圈，受盡創傷已經要放棄愛情時，才發現早 800 年就在你身邊的他，是你最想留住的幸運，好險金牛座的耐性很足，忠誠又固執，可以一直守候著你，否則你離開那麼長，又不給他肯定的答案，換成其他火象、風象星座，早就不知道飛到哪裡去了。但這些溫暖、重情、默默守候的前提，必須對方是金牛座所在意，所心愛的人，因為很主觀又重視第一印象的金牛，並不是對每個人都如此付出，這樣溫暖的。

金牛座的步調非常慢，走路慢、吃飯慢、說話慢、連感情加溫都慢，慢熟的他們喜歡隱藏在團體中，一邊適應，一邊結識能夠踏入自己心房的人，他們不喜歡出風頭，反應也不夠快，但「慢工出細活」這句俗諺，卻總是能在他們身上體現，並擁有受人之託必能忠人之事，不會中途放棄、丟下夥伴的美德，因此許多人都認為金牛座既可靠又老實，甚至覺得他們好欺負，除了常使喚他之外，還會把全部的事情都丟給金牛座一個人完成，不過金牛座可不是省油的燈，初期他們會不斷的忍耐，到最後真的忍無可忍時，那些欺負他的人絕對會嘗到火山爆發、岩漿滅頂的滋味。

金牛座的品味非常好，很愛享受生活又是感官動物的他們，對物質生活的需求非常大，喜歡看、摸、吃、感受、擁有這個世間所有美好的事物，金錢與感情是他們生活中的必需品，也是他們的安全感來源，如果金牛座沒有穩定的情人，他容易會把感情寄託在寵物上。金牛座適合養的毛小孩類型，是屬於動作不要太大、太快，不要太活潑或太吵的毛小孩，因為如果毛小孩一直跑來跑去或喋喋不休，都會讓金牛座覺得煩躁並難以反應，最好是比較穩重安靜，不會亂跑且跟他一樣喜歡吃的毛小孩。

✪ 適合的毛小孩星座：金牛座、巨蟹座、處女座、天秤座、摩羯座、雙魚座

金牛座毛爸媽 VS 白羊座毛小孩

你與你的毛小孩合得來嗎？

對金牛座毛爸媽來說，白羊座毛小孩可能會讓牠們「微頭痛」，因為與習慣慢步調生活的金牛座比起來，白羊座就像一陣勁風，來無影去無蹤，動作實在太快，你根本來不及反應，只看到地上杯盤狼藉，充滿了牠搗蛋後的「傑作」，而牠卻一點都不覺得自己做錯事情，讓你非常抓狂。然而牠的搞笑功力也是一流的，常常會做一些白癡行為，逗的你哈哈大笑。

✪ 合得來指數：30%

你與毛小孩的相處建議

白羊座毛小孩的精力是一等一的好，不會沒精神（除非生病），只會更有精神，有時候你不得不佩服牠的高機動性、用不完的旺盛精力與搗蛋能力，每天催你帶牠出去跑跑，搞不好也讓你養成了按時運動的習慣與快速處理危機的能力，好險金牛座毛爸媽對於自己喜愛的人事物包容度非常高，讓你的白羊毛小孩在帶來災難之餘，也為你的生活增添了許多笑聲，其實牠們是很可愛的夥伴啦！

毛小孩有話要說

「我快被悶死，不要老是給我吃同樣的食物，尤其你們喜歡吃甜點，我不能吃欸！」

金牛座毛爸媽 VS 金牛座毛小孩

你與你的毛小孩合得來嗎？

喜歡享受生活、吃美食，不喜歡步調太快的金牛座毛爸媽，如果你的毛小孩又剛好是金牛座的，那你們完全就是吃喝玩樂的生活好夥伴！當你工作回家，你的金牛座毛小孩會給你很溫暖的眼神，「歡迎回家」你似乎聽到牠這麼說，一整天的疲憊瞬間消失殆盡。只要你讓牠夠有安全感，牠是不太會生氣及闖禍的，你們對彼此都有很大的包容性，也很習慣對方的存在，是非常好的家人與夥伴唷。

✪ 合得來指數：60%

你與毛小孩的相處建議

金牛座與金牛座的組合，如果是人的話，也許會因為一成不變的生活而乏味，卻又因為習慣無法分開，毛小孩的話反而不容易感到無聊，牠非常容易滿足，但也要記得，金牛座的獨佔性很強，容易沒安全感，也特別會吃醋、生悶氣。另外，因為你們都愛吃，要注意不要你一口，牠一口，讓毛小孩吃到狗狗不能吃的東西和有體重問題唷！

毛小孩有話要說

「我很愛你們，我也有我的狗脾氣，請不要跟我生悶氣，要跟我說話好嗎？而且一定要給我飯吃唷！」

金牛座毛爸媽 VS 雙子座毛小孩

你與你的毛小孩合得來嗎？

對金牛座毛爸媽來說，雙子座的毛小孩就像白羊毛小孩，依然精力旺盛，活潑好動。雙子座毛小孩非常的好奇，喜歡到處走，為了避免悲劇發生，你只好跟在牠後面，看牠究竟要幹嘛，但其實牠也只是聞來聞去，對你叫了很多聲，企圖要你幫牠做些什麼（雙子座很擅長動口，但真的要動手的話，他們的手也是非常的巧），等到結束牠的探索之旅後，大概已經過了一整天吧！

✪ 合得來指數：40%

你與毛小孩的相處建議

對很喜歡安靜的金牛座來說，只怕要對雙子座毛小孩多一點包容了，牠對聲音極為敏感，神經緊張，一點風吹草動，就會讓雙子座毛小孩發出吠叫聲，甚至可能隔著門或窗與對面的其他毛小孩聊天，因為牠既愛講話，也喜歡交朋友，然而雙子座毛小孩很怕無聊，如果有空，可以教牠一些東西，不用一直餵牠吃東西啦。

毛小孩有話要說

「我不喜歡吃那麼多東西，我喜歡學習，學不同的東西，多跟我說話，不要讓我覺得很無聊。」

金牛座毛爸媽 VS 巨蟹座毛小孩

你與你的毛小孩合得來嗎？

你們是超棒的「居家組合」，金牛座的你不喜歡隨便換環境，有東西吃、有軟軟的東西靠著，就可以在某個習慣的地方待一整天，你的巨蟹座毛小孩亦如此，牠的地域性很強，喜歡待在家裡，不喜歡離家太大的距離。巨蟹座很懂得飲水思源，會感恩對牠好的人，這跟你的重感情、孝順挺像的，你們會成為彼此的感情支柱，只是牠需要你的安撫多一些，因為巨蟹座是情緒化的生物。

✪ 合得來指數：80%

你與毛小孩的相處建議

你們相處起來會很愜意，你當然很願意包容巨蟹座毛小孩的情緒化與一開始很重的防衛心，牠可能會鬧脾氣，希望你可以安撫牠抱抱牠，所以別對牠生悶氣，這都是牠撒嬌的方式。不過倒是要提醒你們，要按時出去走走、運動一下，一直在家躺著、吃、不動的話，早晚你會變成大胖子，牠會變成小胖狗的。

毛小孩有話要說

「謝謝你給我一個家，又讓我有飯吃，我真的很愛你，有時候我鬧情緒的時候，請不要跟我生悶氣。」

金牛座毛爸媽 VS 獅子座毛小孩

🐾 你與你的毛小孩合得來嗎？

你的獅子座毛小孩喜歡表演，哪裡都是牠的舞台，牠會在外面演戲給路人看、你的朋友看，然後稍給你一個很得意的眼神，讓你既無奈又好笑。在家裡牠也不會比較安分，牠會自 High，會在你前面搞笑、表演，或咬你買給牠的玩具玩給你看，代表牠很喜歡。不過你就是，懶懶的坐在沙發上，笑著點點頭，沒給牠任何的讚美，頂多吃個小零食。

✪ 合得來指數：45%

🐾 你與毛小孩的相處建議

雖然獅子座毛小孩不像白羊、射手座其他兩個火象星座有許多失控的行為出現。骨子裡流著的貴族血液會讓牠非常需要舞台及觀眾，所以當牠做了很棒的事情，不要覺得不好意思或認為你不會講話，就大聲的讚美牠，就算只說「好棒！」牠也會很開心的，比起吃東西，獅子座毛小孩其實真的更喜歡被讚賞。

🐾 毛小孩有話要說

「請不要只是餵食我，要多給我掌聲，說我好棒。」

金牛座毛爸媽 VS 處女座毛小孩

你與你的毛小孩合得來嗎？

同是土象星座的你們是很務實的組合，你們相處上不會給對方帶來太多的麻煩，除了處女座狗狗有些挑剔、要求比較多之外，其他一切都挺完美的，你們可以一直相安無事下去，牠不會給你惹太多的麻煩，頂多做些小小的抗議，這些都是你可以包容、忍耐的，不過如果要從你的處女座毛小孩那兒得到太多的情感需求，也許有點困難，你們都屬於不太會表達情感的類型。

✪ 合得來指數：80%

你與毛小孩的相處建議

金牛座的你真的是12星座中最有包容力的星座，能夠容忍處女座毛小孩的挑剔與稍稍難搞與必須要按表操課行事的生理時鐘，你會讓牠安心許多，也希望你可以多攝取一些寵物相關的知識，做一些疾病的預防，也讓你可以更瞭解牠。

毛小孩有話要說

「謝謝爸爸媽媽知道我的習慣，會給我定時餵食，請你們也幫我看看，什麼適合我吃，也希望你們多看一些寵物知識。」

金牛座毛爸媽VS天秤座毛小孩

你與你的毛小孩合得來嗎？

這對是具有品味及藝術感的組合，你們都有很棒的審美觀與鑑賞能力，喜歡漂亮的東西，同是被象徵愛與美的金星所守護，你們個性既相似又有些許不同，例如金牛座的你雖然隨和、願意包容，但你主觀意識也特別強，較為慢熟不輕易與人打成一片，而你的天秤座狗狗雖然禮貌、喜歡與人互動，但牠內心其實非常容易覺得不平衡、寂寞。你們可以互相陪伴彼此，但你不太能從你的天秤座狗狗那兒得到很多安全感。

✪ 合得來指數：60%

你與毛小孩的相處建議

你或許會覺得你的天秤座狗狗太愛與人交流，因為不是每個人都是好人，不需要對大家都那麼友善，甚至有點小吃醋覺得牠跟誰都好，然而你的天秤座狗狗沒辦法因為你不開心就停止與牠人的互動，你可以愛牠，但不要整顆心都放在牠身上，牠會是不錯的家人、朋友，讓你不會有太多的負擔。當然，如果你養了兩狗，有一隻是天秤座，記得不要讓你的偏心顯得太明顯，因為非常在意公平的牠，一旦心裡不平衡，是會把整個家裡鬧翻的。

毛小孩有話要說

「請你們多帶我出去，讓我有伴，不要一直看韓劇，我覺得很無聊。」

金牛座毛爸媽 VS 天蠍座毛小孩

🐾 你與你的毛小孩合得來嗎？

這對是互補的組合，開始的適應會比較辛苦，後面則會漸入佳境，因為你與你的天蠍座毛小孩都不是一見面就能打成一片的個性，一旦把對方當自己人，卻會毫無保留的付出，縱使你們的個性有些不同，你比較溫厚，牠銳利些，你們彼此卻會有很深的情感連結，你會習慣牠的陪伴，牠也會對你有很強烈的佔有欲，甚至無法想像沒有對方的日子，然而你有時候仍然不清楚，牠真正想要的是什麼，但牠也認了。

✪ 合得來指數：50%

🐾 你與毛小孩的相處建議

如果你們都屬於人類的話，大概都會挺專情的，你的天蠍座毛小孩不會允許你有另外一隻寵物，也可能會跟你的另一半爭風吃醋，如果你有孩子，牠則會當做自己的孩子或兄弟姊妹一樣陪伴守護，所以記得要分配好你的感情，不要因為其他原因就冷落了愛你的天蠍座毛小孩。而因為你們的個性都挺固執的，所以盡量讓自己彈性些，不是要完全改變習慣，而是找出你們都能適應的折衷方式。

🐾 毛小孩有話要說

「我覺得爸爸媽媽很笨，都不知道我要什麼，只照著你們以為的事情覺得我就會喜歡，可是我還是愛你們」

金牛座毛爸媽 VS 射手座毛小孩

你與你的毛小孩合得來嗎？

金牛座挺喜歡安定與安靜的，放點古典音樂或爵士樂，來杯咖啡、看部電影，吃些甜點可以消耗你一天的時間與精力，讓你覺得滿足，你不會想要去玩什麼實彈射擊、極限運動，或跑去亞馬遜叢林、非洲草原探險。但你的射手座毛小孩可不這麼想，人生（狗生）就是要充滿了驚奇，得出去看看外面有多麼好玩，宅在家裡多可惜，所以牠會吵翻天，直到你帶牠出去為止。

✪ 合得來指數：30%

你與毛小孩的相處建議

基本上你們的個性幾乎完全相反，要不是金牛座有絕佳的包容力，否則你們真的會很難相處下去，因為射手座狗狗其實挺失控的，假使都無法出門，牠更會找機會想離家出走，所以要多帶牠出門走走，牠要的不多，只要出家門就好，在家裡對牠也不要太多限制「這個不行，那個不行」，否則牠只會更討厭在室內。

毛小孩有話要說

「我快悶瘋了，可不可以帶我出去玩，我不想都去餐廳，我喜歡戶外，有草地，讓我盡情的大便。」

金牛座毛爸媽 VS 摩羯座毛小孩

🐾 你與你的毛小孩合得來嗎？

金牛座跟摩羯座如果都是人的話挺速配的，你們都走實際路線，腳踏實地不會想一些不太可能發生的事情，重視實質的東西，例如吃飽、穿暖，好好過日子。你們會處的很融洽，摩羯座狗狗既成熟又穩重，不會任性的耍脾氣，即使你長時間不在家。牠不會要你給予牠很多感情上的關注，牠比較需要「尊重」與「重視」，但如果你想擁抱牠，摸摸牠，牠是願意的。 **✪ 合得來指數：70%**

🐾 你與毛小孩的相處建議

摩羯座毛小孩通常都很穩定，但也有些壓抑，有時候甚至到很嚴重了，才讓你發現牠正在生病，或罹患憂鬱症了，你才知道牠這段期間不是很開心，不過其實你們都一樣悶。摩羯座毛小孩的配合度很高，忠心的牠會願意照著你的習慣做事，而工作達成後的獎勵與榮譽，對牠而言非常重要，所以點心、稱讚，都要記得給每一次完成任務的摩羯座毛小孩唷。

🐾 毛小孩有話要說

「爸爸媽媽，你們心情不要一直悶著，因為你們的心情都讓我好憂鬱，我會擔心你們不開心，希望你們開心一點，不要悶著，我會做好你們要我做的事情。」

金牛座毛爸媽 VS 寶瓶座毛小孩

你與你的毛小孩合得來嗎？

如果你的毛小孩是寶瓶座，你很難從牠那兒得到你想要的安全感，因為寶瓶座是一個完全不能被控制、不能被侷限住的生物，牠不喜歡過多的碰觸，所以當你想摸牠的時候牠可能常常會走開。牠重視理念相合，例如要你懂牠，令你覺得不著邊際，要怎麼樣才是懂牠？如何才是有默契？而你也完全不習慣牠的不按牌理出牌，難以摸透牠真正的想法。

✪ 合得來指數：30%

你與毛小孩的相處建議

你的習慣與固執在寶瓶座毛小孩身上可能發揮不了作用，因為這個星座本身就是在常理之外，更別說是習慣了，越是限制牠，反而會越叛逆，所以面對寶瓶座毛小孩，你可能不要那麼多堅持，當然也可以是先跟牠說明一些遊戲規則，如果你愛吃，也可找找看牠喜歡吃的食物，讓牠覺得你與牠志同道合。

毛小孩有話要說

「放了我吧，不要勉強我吃我不喜歡吃的食物，也不要太常抱我，我喜歡照自己喜歡的方式生活。」

金牛座毛爸媽VS雙魚座毛小孩

你與你的毛小孩合得來嗎？

金牛座與雙魚座是文靜派的組合，你們相似性很高，一樣不喜歡吵鬧、感情豐富，需要較多的安全感與陪伴，也都挺愛吃的。有些不同的是，你很務實，對於物質層面特別重視，你的雙魚座毛小孩則容易幻想、做夢，有時候會活在自己的世界裡。單純的牠雖然害羞、膽小，但對於釋出善意的人，通常都樂於接受，覺得對方願意對牠好，就是好人，而這點會讓防備心強又慢熟的你挺擔心的，所以也會特別保護牠。

✪ 合得來指數：80%

你與毛小孩的相處建議

個人覺得雙魚座毛小孩是每個星座的剋星，因為牠既會撒嬌、懂得裝弱勢、無辜臉（不管是不是裝的），平時又很乖巧，所以通常都可能會拿到「責罰豁免權」，而金牛座的你溫和又不喜歡衝突，所以我只能說，不要溺愛牠到太過份，還要記得一起去外面走走，不然你們都愛吃甜食又不愛動，體重會大幅上升唷。

毛小孩有話要說

「我好喜歡你抱我，讓我可以盡情的黏你、跟你撒嬌，我覺得我好幸福。」

雙子座毛爸媽

雙子座是 12 星座中最聰明的，知性的他們通常都有強烈的好奇心與求知慾，想要什麼事情都知道一些、都懂一些，不管是透過看電視、看書、看雜誌，能放進腦袋裡成為話題的任何資訊他們都願意攝取，但因為個性有些三心二意，常常想一次做很多件事，在專注度不夠的情況下，容易呈現樣樣通，樣樣鬆的狀態。在雙子座的世界裡，說話是最重要的事情，溝通、表達、談情說愛等等，這些都是要透過講話來達到，很多雙子座都挺舌燦蓮花的，但也容易淪為「只是說說」、「無法做到」、「說完就忘了」，當有一天他們必須沉默時，像是得保守秘密或喉嚨發炎（一講話就會痛），雙子座會全身不對勁（除非他在看書或真的專心在做某件事），好像漲氣一樣，什麼都得憋在肚子裡，也因為很喜歡講話、聊天、交朋友，他們是社群軟體的重度使用者。雙子座很怕無聊，這也許是他不斷的找事情給自己做或是找人講講話的原因，很多雙子座都挺聒噪的，當然也可能有安靜的雙子座，他就是一直不停的看書、看東西。

在團體中，雙子座是出了名的智多星與開心果，他總是有很多稀奇古怪的想法與點子，喜歡幫人出主意，對問題幾乎有問必答，就算自己不確定正確答案，似乎也能說出一番道理來。雙子座對新環境的適應力相當的好，懂得隨機應變，不會逞強或衝動，就算對新環境很陌生，有些緊張，但他很快就能轉換過來，開口發問來得到自己想要的資訊。面對陌生人時，雙子座很少害羞的讓對方不知道如何讓兩人有交集，他反而會很熱心的找尋共同話題讓彼此更認識，所以常常扮演在團體中的召集與公關的角色。雙子座的脾氣不壞，因為 EQ 非常好，會自己調整情緒，所以雙子座很少發火，就算真的快要生氣，他也會先「溝通」，好好講來避免衝突，但雙子座如果真的生氣起來，會像個神經病一樣，驚聲尖叫，把你從來都沒聽過的話語一次爆出來，吵架也屬於罵人不帶髒字的類型。

雙子座喜歡交朋友，跟朋友一起八卦聊天常常是他們工作之餘的休憩活動，因為個性很聰明的緣故，雙子座特別討厭笨蛋，反應太慢、不喜歡說話，在他們眼裡都是有點 NG 的。所以如果雙子座要有隻狗狗，反應速度快、學習力不錯，個性活潑的狗狗較為適合他們，可以為雙子座的生活增添很多趣味。

✪ 適合的毛小孩星座：白羊座、雙子座、獅子座、天秤座、寶瓶座

雙子座毛爸媽VS白羊座毛小孩

你與你的毛小孩合得來嗎？

你們是活潑逗趣的組合，雙子座的你很外向健談、喜歡與人相處，對於生活總是充滿了好奇心，任何事情都想知道一些。你的白羊座毛小孩則與內向安靜完全扯不上關聯，牠喜歡衝鋒陷陣、冒險犯難，不喜歡重複、無聊的事情，也有點三分鐘熱度，有發洩不完的精力，你會覺得牠既充滿活力又有趣，不過有時候失控衝動了點，常做一些白目的事情，讓你頗無奈的。

✪ 合得來指數：60%

你與毛小孩的相處建議

雙子座挺有彈性的，就算生氣也只是嘴巴上罵罵、唸唸，不過有時候白羊座毛小孩真的太失控，你講一兩句「欸，不要跑來跑去」、「不要咬電線」，牠是不太會鳥你的，請拿出魄力對牠大聲些吧，白羊座毛小孩的世界就是有點弱肉強食啊，你人太好沒脾氣，可是會被牠欺負的。

毛小孩有話要說

「不要老說我很白目、很笨，我只是不喜歡你這麼大驚小怪，一直叫我做反覆的動作。」

雙子座毛爸媽 VS 金牛座毛小孩

🐾 你與你的毛小孩合得來嗎？

你可能會有點受不了你的金牛座毛小孩，就像金牛座的毛爸媽，受不了牠的雙子座毛小孩一樣，因為你們的個性完全大相徑庭，你是活潑外向的，牠是內斂安靜；你很快、也很喜歡認識新朋友，牠則必須花很多時間才能適應一個新環境；你反應力快，牠卻常常慢半拍。你會覺得你的金牛座毛小孩特顯笨重，而牠會認為自己永遠無法跟上你。

✪ 合得來指數：50%

🐾 你與毛小孩的相處建議

你們因為性格很不同，所以在相處起來是挺需要方法的，金牛座毛小孩很習慣取向，如果是從以前就養成的習慣，要牠突然改掉會變得非常困難，甚至固執的不願意改變。而牠的反應力與適應力都不像你那麼好，所以不要要求牠短時間內就得做些什麼，多一些耐性等牠。金牛座毛小孩特別重視承諾，如果你答應牠什麼事，也千萬不要說完後就忘記了，牠會一直等著記著的。

🐾 毛小孩有話要說

「爸爸媽媽不要變來變去，講話都忘記，教我的動作不要忘記你是怎麼教的，卻說我很笨，都不會做。」

雙子座毛爸媽 VS 雙子座毛小孩

🐾 你與你的毛小孩合得來嗎？

當雙子座遇上雙子座，你們絕對不會覺得無聊，因為你們都具有好奇心、愛學習，也聰明的不得了，你的雙子座毛小孩會很懂你，不過你倒是有點難知道牠跟你講了什麼，但你是樂於猜猜看的。你們適合單獨相處，因為旁邊的人可能會覺得有些吵，你們真的很難安靜下來，你可能會一直跟牠說話，牠也會想跟你分享牠前幾天知道的八卦跟秘密，不過牠不是一個很好的秘密保守者，除非你保證都不請溝通師。你會教牠許多東西，而牠也學的很快，你們真的很相像，在一起會非常快樂。

✪ 合得來指數：60%

🐾 你與毛小孩的相處建議

聰明如你的雙子座毛小孩，對於做錯事情，基本上牠都心裡有數，接著開始盤算要怎麼躲過懲罰。你看到家裡一團亂，牠又一副很諂媚認錯的樣子，只會讓你又好氣又好笑，罵不下去，所以總是讓牠覺得不痛不癢然後下次又再犯。對待雙子座毛小孩，你一定要有原則，不要太隨意，讓牠得過且過，牠可能會越來越囂張。

🐾 毛小孩有話要說

「爸爸媽媽，我們可不可以互相做對方的動作，這樣子很好玩，不要只有我一隻狗。」

雙子座毛爸媽 VS 巨蟹座毛小孩

🐾 你與你的毛小孩合得來嗎？

雙子座毛爸媽與巨蟹座毛小孩的組合不是一個有安全感的組合，你的巨蟹座毛小孩相當敏感、防衛心又強，牠重感情，所以會想要你給予牠很多甚至全部的愛與照顧，一直愛著牠陪著牠。你可以常常說你愛牠，常常說要為牠做些什麼，但長時間把全部的感情、時間完全投注在同一個對象上，對你來說是有點難度的。

✪ 合得來指數：40%

🐾 你與毛小孩的相處建議

如果你的毛小孩是巨蟹座，大概是要你學習「專一」吧，專心做著一件事，不管是什麼。因為心思細膩的巨蟹座不是一個隨便就可以敷衍的星座，即便牠人（狗）很好，乖巧溫順，但巨蟹座的怒氣是歇斯底里型的，而牠要的也很簡單，「真誠的關心牠、愛牠」，不要因為都在做自己的事，完全忘記了牠的存在與你對牠的責任。

🐾 毛小孩有話要說

「不要忘記煮東西給我們吃，有時候你講太多電話，都忘記我們吃飯的時間，讓我很擔心。」

雙子座毛爸媽 VS 獅子座毛小孩

🐾 你與你的毛小孩合得來嗎？

雙子座毛爸媽與獅子座毛小孩的組合很可愛，你本來就很喜歡有趣、新鮮的人事物與知識，而且會分享給大家，可能上傳到你有帳號的各種平台，或成為茶餘飯後的聊天話題。你的獅子座毛小孩本身就是那個有趣的人事物，是超級巨星，一個超級巨星是無法忍受你沒有一直關注牠的，牠可以很搞笑，也可以很戲劇化，牠要你與眾人的讚好及目光，牠不介意多耍幾次寶給你看。

✪ 合得來指數：60%

🐾 你與毛小孩的相處建議

你們相處起來會很開心，你的獅子座毛小孩可能有著壞脾氣與驕傲的個性，但在你眼裡看來都挺好笑的，牠喜歡的稱讚與目光你似乎都能給牠，你可以幫牠創立個粉絲團，牠會更開心。而在教導上你必須要讓牠知道，做了錯的事，你是不會理牠的，當然做對的話，絕對是不停的稱讚。答應牠的承諾，也記得要做到。

🐾 毛小孩有話要說

「要記得你答應我的事情，要多注意我。」

雙子座毛爸媽 VS 處女座毛小孩

你與你的毛小孩合得來嗎？

雙子座毛爸媽與處女座毛小孩的組合，算相安無事的，處女座毛小孩喜歡學習，所以你會教牠許多東西，牠都學得不錯，也會很開心牠有事情可以做。你們都不是極度需求感情的個性，跟處女座毛小孩相處挺自由的，牠可以自己獨處，但前提是你已經達成牠所要的——乾淨的環境、符合牠口味的食物與按表操課；牠挺挑剔的，也不是隨便敷衍就可以打發的生物。

✪ 合得來指數：50%

你與毛小孩的相處建議

處女座毛小孩很有原則，不喜歡突然的變動，但你比較隨性，所以不要讓牠沒有心理準備就做些什麼。例如突然把牠帶出去旅行，或送去洗澡。牠很愛乾淨，對環境的整潔有一定的標準，也因為牠本身體質跟腸胃都比較敏感，所以更需要品質好的環境與天然的食物，牠會逼你勤於打掃房子，當然這對呼吸系統比較不好的你也是有益處的。

毛小孩有話要說

「我喜歡學東西，你們又喜歡教我學東西，我很喜歡，可是要記得，我的作息。」

雙子座毛爸媽 VS 天秤座毛小孩

你與你的毛小孩合得來嗎？

雙子座毛爸媽與天秤座毛小孩的組合，完全就是一個適合社交的組合，你很健談隨和，喜歡與人交流相處，結交新朋友。你的天秤座毛小孩很需要有朋友，因為怕寂寞的牠常常想找個伴陪，牠的個性與你一樣隨和，配合度很高，而且很在意形象，通常帶天秤座毛小孩出去，都只會為毛爸媽大加分，幾乎很少扣分的，不過你可能會覺得牠在家裡與外頭差異有點大就是了。

✪ 合得來指數：70%

你與毛小孩的相處建議

如果你經濟能力跟空間允許，建議你可以養兩隻寵物（如果有一隻是天秤座的話），讓牠有個伴，這樣天秤座毛小孩比較不會因為沒人陪而憂鬱，當然你必須盡量公平，對方有的東西牠也要有，你抱了別隻狗就一定要抱牠，因為牠會很計較的。天秤座毛小孩除了怕寂寞，還有另一個影響牠很大的東西——美貌。

毛小孩有話要說

「我喜歡爸爸媽媽很聰明，也會讚美我，可是我覺得你們不太重視美感，有時候我也喜歡讓自己漂亮一點，和有同伴跟我作伴、說話。」

雙子座毛爸媽 VS 天蠍座毛小孩

你與你的毛小孩合得來嗎？

雙子座毛爸媽與天蠍座毛小孩的組合挺特別，被稱為「智多星」的雙子座，很少碰到讓你難以親近、瞭解的人事物，你的天蠍座毛小孩便是，你對牠會充滿好奇，覺得牠是否太安靜了些，牠則會想觀察看看你到底是怎麼樣的人而不動聲色，所以你們可能相處了好一段時間，你還是完全無法搞懂牠，不過你似乎也沒放在心上，但牠已經完全摸透你了。

✪ 合得來指數：45%

你與毛小孩的相處建議

天蠍座毛小孩非常懂得察言觀色，牠通常知道什麼事可做什麼事不能做，是很棒的傾聽者，牠或許不會回應話又少，但絕對會保守秘密，天蠍座的佔有欲很強，不過牠不一定會讓你知道（可是牠會讓對方知道），所以建議你不要養別的生物，當然如果對方不會對牠有影響，牠會樂於接受的。例如：魚或多肉植物。

毛小孩有話要說

「我希望你可以更清楚知道我想要什麼，而且不要忘記，要沉得住氣，不要太神經質。」

雙子座毛爸媽 VS 射手座毛小孩

🐾 你與你的毛小孩合得來嗎？

你們有很多共通點，卻又好像完全相反，雙子座的毛爸媽喜歡跟毛小孩說話、談心、聊八卦，射手座的毛小孩沒有太多的耐性聽你說很久的話，或一直在牠耳邊喋喋不休，牠要出去探險。你的射手座毛小孩膽子很大，行動力也是一等一的強，牠還認為你是膽小鬼勒，例如家裡到處都是牠的尿、玩具四散或牠又啃了什麼家具，你看到後尖叫的一塌糊塗，射手座狗狗看著你「有這麼嚴重嗎？未免也太大驚小怪了吧！」

✪ 合得來指數：50%

🐾 你與毛小孩的相處建議

射手座的毛小孩適合用遊戲的方式訓練牠，因為牠們不但喜歡學習，還喜歡探險與挑戰，行動力很強的牠們，執行力很高，所以可以教牠們一些小把戲（最好是戶外的，例如接飛盤）。但也要記得，射手座很在乎誠信，當你答應牠什麼事情卻沒有做到，牠會認為你是個不誠實的人，漸漸對你失去信任，所以對牠不可以隨口說說，要確定能做到再說唷。

🐾 毛小孩有話要說

「你答應我的事情都會忘記，說要帶我出去，要陪我玩，然後你也忘記了。」

雙子座毛爸媽 VS 摩羯座毛小孩

你與你的毛小孩合得來嗎？

雙子座毛爸媽與摩羯座毛小孩，並不是一個有趣的組合，你的摩羯座毛小孩太穩定、嚴肅了些，感覺根本不像一隻狗，而是一個老人，牠不是一個很熱情的生物，所以無法熱烈回應你所有的話題，只會靜靜的看著你，與沒想法也可以講出一番想法的你，個性完全相反，你可能會覺得牠有點無聊，不夠聰明，對牠並不像對其他星座的毛小孩一樣那麼有興趣。

✪ 合得來指數：30%

你與毛小孩的相處建議

你或許仍然想教摩羯座毛小孩一些東西或與牠互動，牠是願意的，但牠的學習力並不像你那麼強，需要經驗來幫助自己學習的更好，所以不要一次就要你的摩羯座毛小孩反應過來，說 1 就是達成 1，不要期望你說 1 牠就會達成 3，多一些同理心與耐性，摩羯座毛小孩屬於黑馬型的，牠是可以學得很好的。

毛小孩有話要說

「養我就要對我有責任，不要只是一時覺得好玩，之後就覺得我是個負擔，讓我覺得我是你的包袱。」

雙子座毛爸媽VS寶瓶座毛小孩

你與你的毛小孩合得來嗎？

其實你們挺合的，雙子座雖然愛交朋友、愛聊天，但屬於風象星座的你，並不會太黏人，不會只跟一個人太好，這對寶瓶座毛小孩來說感覺還不賴，因為牠並不需要你把全身的注意力都放在牠身上。你喜歡分享事情，會不停的跟你的寶瓶座毛小孩說，甚至想跟牠聊天，看牠能不能回你什麼，當然有時候牠會聽的津津有味，不過當你開始喋喋不休，牠就會覺得你超級吵，直接走開或自顧自的趴下睡覺了。

✪ 合得來指數：60%

你與毛小孩的相處建議

基本上你們相處是不會有太大的問題，因為你們對對方不會有過多的期望，彼此也有屬於自己的空間，寶瓶座很重視志同道合，像是有共同興趣或是相同的理念、默契，當牠覺得你懂牠時，牠便會把你當成很珍惜的「自己人」，所以可以試著去發掘你們都喜歡做的、能一起做的事唷。

毛小孩有話要說

「跟爸爸&媽媽互動我好像都沒辦法很深入去學一些、做一些、玩一些很酷的事情，都是大家會做的事，我想要學習、接觸跟大家不一樣的事情或玩法。」

雙子座毛爸媽 VS 雙魚座毛小孩

你與你的毛小孩合得來嗎？

雙子座毛爸媽與雙魚座毛小孩的組合，對雙魚座毛小孩來說可能充滿了冒險，因為雙子座喜歡新鮮有趣的人事物，看到有新的機會或一些新奇古怪的事情，會充滿了好奇心想知道究竟是怎麼一回事，順便問自己要不要試一下、學學看，但對於膽子小的雙魚座毛小孩來說，隨便接觸陌生的東西，是很可怕的，有時候你會突然心血來潮，想知道牠究竟「多膽小」，想要整整牠，嚇嚇牠，或教牠一些奇怪的東西，你的雙魚座毛小孩通常會直接逃竄、委屈的縮在角落或人間蒸發。

✪ 合得來指數：40%

你與毛小孩的相處建議

親愛的雙子座毛爸媽，放過你的雙魚座毛小孩吧！不要再整牠了，雖然有時候牠的反應是真的挺逗趣的，但雙魚座毛小孩是要捧在手心，好好呵護的公主 / 王子狗呀！與其整牠，花更多時間抱抱牠、摸摸牠，告訴牠你很愛牠，牠會很感激你的。

毛小孩有話要說

「我很怕你覺得我太黏，覺得我很煩，給你很大的負擔。」

巨蟹座毛爸媽

愛家戀家的巨蟹座毛爸媽，很嚮往擁有屬於自己的家庭，在對家庭家人付出上會特別用心，當然也容易擔心或想的比較多。對待陌生人，巨蟹座就會像一隻巨大的螃蟹，用身上堅硬的殼，武裝起來保護自己柔軟的心與重要的人。不管是男生還是女生，巨蟹座都有著強烈的母性特質，會主動去關心周遭認識的人，更不要說是自己親近的對象了。基本上巨蟹座會想把對方照顧的無微不至，當對方被欺負時，就算不是太有能力保護他，巨蟹座也會拼了命的捍衛自己重要的人、事、物，就像勇敢的戰士一樣。巨蟹座十分念舊，懂得感恩與飲水思源，對於曾經對他有恩、幫助過他的人，甚至傷害自己的人，巨蟹座都仍然會記得，有恩報恩，有仇卻是會在心裡自己受傷難過，不會想要報復，就算想也不一定會去做。

巨蟹座的守護星是月亮，所以他們總是深受月亮的影響，尤其是女生。他們很情緒化、感情很豐富，所有的話語、肢體的表達，幾乎都帶著感情與情緒，開心時瞇起雙眼微笑，不開心時便整個臉都垮了下來，他們生氣的原因很難捉摸，因為有翻舊帳的習慣，生氣的點可能是很久以前發生的事。巨蟹座生氣時非常恐怖，近乎歇斯底里，而且會很難從這樣的情緒中跳脫出來，身邊的一切都會遭受波及，所以，在他情緒來之前，趕快轉移他的注意力吧！

巨蟹座是很家居的，他喜歡窩在家裡，也喜歡居家用品，像是好用的鍋子，或是美麗的茶具。他也很喜歡照顧人，感受到自己是被對方需要的，所以巨蟹座其實很適合養動物呢，但必須以「可以與他有感情上的互動」的溫馴動物為主，因為重視飲水思源的巨蟹座，是無法容忍自己的毛小孩做出叛逆行為的，如果巨蟹座要養狗狗，那狗狗的個性會以喜歡在家裡、不會有太旺盛的精力、溫和可愛較為適合他。

✪ 適合的毛小孩星座：金牛座、巨蟹座、處女座、天蠍座、雙魚座

巨蟹座毛爸媽 VS 白羊座毛小孩

你與你的毛小孩合得來嗎？

巨蟹座毛爸媽與白羊座毛小孩的組合，真的就像父母與小孩。你可能會每天追著牠把屎把尿，收拾所有闖禍留下來的殘局。有時候白羊座毛孩的精力太旺盛，一天到晚想要被帶出去散步，還得去不同的地方（因為白羊座很喜新厭舊），但其實巨蟹座的你本身就不喜歡離家裡太遠，更何況還帶著牠，沒有發洩完精力的白羊座毛小孩會在家裡瘋狂破壞，讓你徹底抓狂大叫要牠安靜一點，不要橫衝直撞的，要是撞倒頭怎麼辦？但等到有一天牠真的稍微安靜了一些，你卻會很擔心，牠是不是生病了？總之就是一種極為矛盾的過程啊！

✪ 合得來指數：40%

你與毛小孩的相處建議

如果你有一隻白羊座毛孩，勢必會讓你擔心非常多，一下怕牠太亢奮亂衝亂撞會受傷，一下又怕牠太吵打擾鄰居，有時候牠真的去撞到頭或在地板上摔倒，會讓你驚聲尖叫，替牠捏一大把冷汗，但白羊座毛孩也會帶你走出舒適圈，看看不同的風景，所以多帶白羊座毛小孩出去走走吧，也許會有意想不到的驚喜。

毛小孩有話要說

「不要在情緒中看我不順眼，也不要覺得我很煩，讓我覺得自己很沒用。」

巨蟹座毛爸媽 VS 金牛座毛小孩

你與你的毛小孩合得來嗎？

巨蟹座毛爸媽與金牛座毛小孩是彼此宅在家的好伙伴。巨蟹座的你覺得「家」就是最棒的避風港，會花時間將家裡布置成屬於你自己的溫馨風格，當然也包括了金牛座毛小孩舒適的小天堂。你也許會想下下廚為自己與家人準備好吃的餐點，牠會用渴望的眼神看著你，然後在你端出牠那一份時，開心的跑到你旁邊。金牛座毛小孩總是給人安定、穩重的印象，特別是當你悲傷時，牠們靜靜陪伴在一旁的溫暖。牠的要求不會太多，好吃的食物、溫暖安定的窩即可，你們都很重情，對你與你的金牛座毛小孩來說，彼此的陪伴更為重要。

✪ 合得來指數：60%

你與毛小孩的相處建議

當巨蟹座的你遇上金牛座毛小孩時，一開始也許會有些挫折，因為慢熟的牠似乎對你釋出的善意與付出沒有很大的表示，其實並非金牛座毛小孩不知道，只是牠的反應比較慢，需要慢慢消化再表示出來，當牠對你的感情慢慢加溫，金牛座毛小孩會更加重視承諾並擁有強烈佔有欲，所以不要任意的把牠的東西分享給別人，特別是「食物」。

毛小孩有話要說

「我喜歡你像爸爸媽媽一樣這樣疼我，讓我覺得很舒服、很放心、很有安全感，可是有時候，你會讓我感覺到，一下子怎麼就突然變得很奇怪，讓我不能適應。」

巨蟹座毛爸媽 VS 雙子座毛小孩

你與你的毛小孩合得來嗎？

巨蟹座毛爸媽與雙子座毛小孩嚴格來說不是一個很OK的組合，雙子座的毛小孩是個好奇寶寶，又有點神經質，有時候很漫不經心，有時候又會展現出高度的專注力，這取決於牠有無興趣，沒有興趣的，總會視為耳邊風，一而再，再而三的犯重複的錯誤，所以常常讓巨蟹座毛爸媽很不開心，可能前一秒還笑著摸摸牠的頭，後一秒發現牠搗蛋而且是累犯，就直接暴怒大罵了。✪ **合得來指數：40%**

你與毛小孩的相處建議

巨蟹座非常有母性特質，尤其是自己已為人父母的時候，不管是毛小孩還是人類小孩，巨蟹座都會想將牠們照顧的無微不至，不過雙子座毛小孩其實不太需要過度的擔憂與照顧，牠的確容易緊張，但稍微安撫便可以調整，比起成天追著牠加餐飯、穿暖、別亂跑，不如帶牠出去外面走走、逛逛，牠反而更開心。

毛小孩有話要說

「可不可以幽默一點，爸爸&媽媽，有時候我只是想讓你開心一下，所以會感覺不認真，所以請你不要這麼擔心，覺得我是不是都學不會。」

巨蟹座毛爸媽 VS 巨蟹座毛小孩

你與你的毛小孩合得來嗎？

巨蟹座毛爸媽與巨蟹座毛小孩是非常有感情但情緒化的組合，你們互相瞭解，也都很需要對方。你出去會依依不捨的摸摸你的巨蟹座毛小孩（明明晚上就要回來了是在演哪齣），你們相處的非常融洽，吃飯在一起，做任何事只要可以都會一起，當然如果要睡覺，你也不會讓牠一個人睡在外面的，你會在房間放牠的狗床，不然就是直接讓牠跟你一起睡在床上囉。不過當你們情緒都來的時候，其他的家庭成員便會叫苦連天吃不消。

✪ 合得來指數：60%

你與毛小孩的相處建議

你很有可能溺愛你的巨蟹座毛小孩，但不會成太大問題，畢竟巨蟹座毛小孩很懂得感恩，不過該有的規矩還是得教牠。你們彼此也要多出去走走，曬曬太陽，不要一直宅在家裡。而在照顧你的狗寶貝之餘，也要記得陪陪其他人或做做其他你想做的事唷！

毛小孩有話要說

「我會擔心如果你有了別人，會不會就冷落我了。」

巨蟹座毛爸媽VS獅子座毛小孩

你與你的毛小孩合得來嗎？

巨蟹座毛爸媽與獅子座毛小孩是一個不太平衡的組合，巨蟹座有著願意為人付出的個性，但這樣的付出，是期望對方會瞭解、感謝，甚至有情感或實質的回報。獅子座的毛小孩則很享受別人對牠的付出，骨子裡留著貴族的血液，當然要接受萬人的擁載與朝拜。雖然一對一關係上牠仍然會感激牠的巨蟹座毛爸媽，但說要「回報」，獅子座的自尊心不會認為要如此的。✪ **合得來指數：50%**

你與毛小孩的相處建議

你大可以好好關愛你的獅子座毛小孩，因為牠雖然不需要太多的擔心，但的確需要關注，不過不用對牠有太多的保護，例如怕危險不讓牠出去玩，怕傳染病不讓牠與別的毛小孩作朋友（如果牠生病了或還是小狗另當別論），因為獅子座毛小孩除了你的關注，也需要別人的目光與讚美。

毛小孩有話要說

「爸爸＆媽媽，希望你對我有信心，相信我一定辦得到，也請尊重我的意見，讓我自己去試，不要擔心。」

巨蟹座毛爸媽 VS 處女座毛小孩

你與你的毛小孩合得來嗎？

巨蟹座的你很會照顧人，特別是對自己的孩子和毛小孩會用全心的愛來照顧。面對較為挑剔的處女座毛小孩，你不會因此而生氣，反而會更用心的照顧牠，甚至配合牠的作息。處女座毛小孩懂你的用心，而牠對你的回報便是你喚牠時，給予你需要的回應，但或許這不完全是你要的，太實際了，所以面對牠，你總是有些情緒起伏或矛盾。

✪ **合得來指數：60%**

你與毛小孩的相處建議

對待處女座毛小孩，要把情緒化的部分拿掉，與牠就事論事，因為當你兇牠的時候，牠其實很害怕，牠多麼要求完美，當然不希望自己因為做錯事而被爸媽討厭，可是牠真的不太會表達感情，不會撒嬌，也不知道如何改變自己的天性，所以不要對處女座毛小孩抱有太大、太嚴苛的感情期望，牠很嚴謹、忠心、認真，但不浪漫。

毛小孩有話要說

「爸爸＆媽媽對於我有時候不夠活潑、吃得比較少都會比較擔心耶，太擔心也會影響我的情緒唷，不要這麼神經質啦。」

巨蟹座毛爸媽 VS 天秤座毛小孩

你與你的毛小孩合得來嗎？

巨蟹座毛爸媽與天秤座毛小孩是一個偏向「爸媽完全在顧小孩」的組合，天秤座毛小孩喜歡有個伴，特別是溫柔、會照顧牠的，因為有時候牠們比較體虛、不太懂得照顧自己，也沒有什麼方向感，有著媽媽性格的巨蟹座，完全能勝任「家長」這個角色。所以在這個組合中，天秤座毛小孩會比較開心，不過你的情緒起伏，又會讓不喜歡衝突的牠有些困擾。

✪ 合得來指數：40%

你與毛小孩的相處建議

你的天秤座毛小孩跟你一樣，把家當作避風港，回到家就是要放鬆舒服，也可以放下自己的偶像包袱，所以不要把外面的情緒帶回家發洩給身邊的人，否則牠會開始不喜歡待在家裡唷！另外，要是你有兩隻以上的毛小孩，如果天秤座毛小孩不是最得寵的，也記得不要太偏心，因為牠超會計較公不公平的啦。

毛小孩有話要說

「我很怕爸爸＆媽媽心情不好，讓我會覺得也會影響到我的心情，我很害怕不和諧的氣氛，很在意你的情緒。」

巨蟹座毛爸媽 VS 天蠍座毛小孩

你與你的毛小孩合得來嗎？

巨蟹座毛爸媽與天蠍座毛小孩是心靈伴侶的組合，同屬於水象星座的你們都有柔情的一面，需要情感的支持。你樂於為所愛付出，會保護自己所珍視的人。而牠也是，一旦把你當成自己人，便會付出所有情感，真心對待對方。基本上你們在一起，做什麼都可以，因為你們重視的是彼此的陪伴與心靈相通，是一起的對象而不是一起做的事。你會跟牠分享你生活中遭遇的大小事，牠雖然靜靜的聽著，卻能讓你感受到牠是懂你的，是站在你這一邊的。

✪ 合得來指數：80%

你與毛小孩的相處建議

你的天蠍座毛小孩很會察言觀色，知道你什麼時候心情好可以過去撒嬌；什麼時候心情不 OK，只要靜靜在旁邊陪著你就好。牠會對你付出很多感情，相對的你也必須給你的天蠍座毛小孩很多的愛才行，牠不會想讓這份愛分給別隻毛小孩，所以如果你在養了牠之後還想養別隻狗，你可能需要跟牠好好談一談。

毛小孩有話要說

「爸爸媽媽，如果你心情不好，我會乖乖的，請不要對我咆哮。」

巨蟹座毛爸媽VS射手座毛小孩

🐾 你與你的毛小孩合得來嗎？

巨蟹座毛爸媽與射手座毛小孩，是一個「媽媽想要管，可是管不動小孩」的組合。你會想為牠布置最舒適的狗床，買最高級的飼料，期待牠最愛你，一直黏著你。但這不適用於射手座毛小孩，別對牠期待太多，因為牠是個一進室內空間沒多久就想出去玩的生物，對牠來說，玩比吃更重要。有時候你會覺得牠怎麼一點都不注意危險，你的射手座毛小孩則覺得，你太容易擔心了。

✪ 合得來指數：40%

🐾 你與毛小孩的相處建議

射手座毛小孩相當愛玩，如果你真的想跟牠培養感情，就試著每天帶牠出去玩吧，牠會認為你是個好人，但請記得拉好牠的牽繩，或是讓牠在一個開放式但有圍欄的空間活動，否則脫韁的野馬一旦衝出去，應該是很難找回來的。

🐾 毛小孩有話要說

「我覺得很不自由，你都限制這個限制那個，擔心很多，讓我『心』的活動範圍好小，不要那麼操勞，放鬆點好嗎？」

巨蟹座毛爸媽 VS 摩羯座毛小孩

你與你的毛小孩合得來嗎？

當不苟言笑的摩羯座毛小孩，遇上感情豐富的巨蟹座毛爸媽，看似完全不適合，但其實是一種很互補的關係。巨蟹座是情緒取向的生物，但摩羯座不是，巨蟹座的你顧家、具有強烈的母性特質，你的摩羯座毛小孩雖然有時讓人覺得不夠有趣，有些壓抑，缺少感情變化，卻似乎有著一股能夠安定家裡的力量。

✪ 合得來指數：50%

你與毛小孩的相處建議

摩羯座毛小孩像是你的安定劑，牠不太會搗蛋，也不會做過份的要求，牠只做好分內的事，如果你忘記你們的例行公事，牠可能會來提醒你一次，之後便乖乖等待。你對摩羯座毛小孩可以很照顧，雖然牠不會表達感情，但牠會記得並感謝你的付出。對待摩羯座毛小孩不適合太情緒化，因為被土星守護的牠，其實是有點悲觀、容易憂鬱的。

毛小孩有話要說

「我喜歡你照顧我，讓我覺得我是你的家人，而看到你有擔心的事情的時候，也會讓我不快樂。」

巨蟹座毛爸媽 VS 寶瓶座毛小孩

你與你的毛小孩合得來嗎？

巨蟹座毛爸媽與寶瓶座毛小孩的組合就是「當媽媽遇上正值叛逆期的孩子」，你們是截然不同的個體，你重視家庭倫理，牠則對稱謂沒什麼概念，家庭觀念有點薄弱，你對孩子有很多叮嚀、關心，要牠做很多事，出發點完全是為了牠們好。寶瓶座毛小孩就像叛逆期的孩子，你說 1 牠偏要做 2；你叫牠坐下，牠就趴下給你看（曼斗就是這款反骨狗，每次媽媽都會抱怨牠真的很叛逆），常常惹怒或傷透巨蟹座毛爸媽的心。

✪ 合得來指數：40%

你與毛小孩的相處建議

比起無微不至的照顧與幫牠憂慮未來，寶瓶座毛小孩更需要自己的空間與懂牠的人，與其生氣、難過牠為什麼不聽你的，不如換一種方式，以牠的角度思考，牠想要什麼、需要什麼？用牠喜歡的方式來愛牠、對牠好，就先從幫牠布置一個屬於牠的獨立空間，不要一直打擾牠開始吧！

毛小孩有話要說

「你不要覺得難過，我都很冷淡，覺得我好像都把你當空氣一樣，其實我沒有，我只是需要有自己的空間。」

巨蟹座毛爸媽 VS 雙魚座毛小孩

🐾 你與你的毛小孩合得來嗎？

金星雙魚的人是大眾情人，雙魚座的毛小孩也是大眾寵物，就像水做的一樣柔順，有點弱弱的又愛撒嬌，十分討人喜歡，尤其有著傳統媽媽性格的巨蟹座，會超愛雙魚座這款的。你們個性很相似，有些情緒化、感性且溫柔，但你比你的雙魚座寵物更堅強實際些，你會擔負起保護、照顧牠的責任。 **✪ 合得來指數：60%**

🐾 你與毛小孩的相處建議

你們相處起來會非常開心，但要記得別太過溺愛你的雙魚座毛小孩，因為牠的定力並不是那麼強也不太會拒絕別人，有著一股傻勁兒，假如牠已經吃飽，你仍然在餵牠，牠會為了讓你開心而繼續吃，之後自己身體不舒服，讓你十分擔心。所以巨蟹座一定要把關好雙魚座毛小孩的飲食、健康，避免不良習慣與行為的養成，平常在教牠的時候不要捨不得教，否則當你情緒來時的歇斯底里會嚇死牠啊！

🐾 毛小孩有話要說

「我喜歡爸爸＆媽媽對待我的照顧，讓我覺得很有安全感又很有被愛的感覺，只是有時候你的情緒可以比較平和一點。」

獅子座毛爸媽

獅子座是 12 星座中最有王者風範的星座，因為天生帶著一股尊貴的氣質，使獅子座在行走時都非常有自信，昂首闊步、抬頭挺胸、屁股微翹，排場好像也挺大的（鋪紅毯）。獅子座的守護星是那顆我們無法忽視，最亮眼、耀眼的恆星——太陽公公！（瞬間弱掉，為什麼要加上公公），所以身為太陽之子的他們帶有太陽的性格，精力旺盛、發光發熱，所到之處必成為眾人的焦點，不走低調路線，就算沒有人看他，也會主動吸引大家的目光，很多演藝人員都有很強的獅子座特質，如果要請（要用請的）獅子座即興演出，基本上是沒有問題的，因為他們天生就是表演的料，當然不只是表演，榮譽感特強的他們不管做什麼事情，都想成為 Top 1，所以總是非常努力。有些人會覺得獅子座愛現，不過對他們來說，可以贏得掌聲、讚美及榮譽，愛現、誇張一點沒有什麼不好啊！

在團體中，獅子座幾乎都是扮演著領導者的角色，愛熱鬧的他們有些人來瘋，覺得大家在一起就是要快樂，所以可能會大方的請客、帶動氣氛等等，如果他們是主管，便會帶領自己的團隊爭取最高的榮譽。因為骨子裡流著王族血液，獅子座的表達既霸氣又明白，要別人聽他的、不容許被拒絕，也不會有任何的拐彎抹角，喜歡與不喜歡都很明顯，不過如果涉及面子，他就可能不方便表現出來。當獅子座生氣時，就如同那句成語「河東獅吼」，氣勢磅礴，然而你只要誠心道歉，他也不屬於會記仇的難搞類型。

熱情洋溢的獅子座喜歡受到矚目與關注，最好大家的焦點都放在他身上，他們是視覺動物，所以也喜歡電視、電影（或自己）等等能給他們帶來視覺享受的人事物，最好是漂亮的，所以如果獅子座要養寵物，當然也是要養看起來漂亮的毛小孩，讓他帶出去非常有面子，狗狗的性格必須有活力、聽話，當然不要太笨或反應太慢，才不會讓他氣得七竅生煙。

✪ 適合的毛小孩星座：白羊座、雙子座、獅子座、天秤座、天蠍座、射手座

獅子座毛爸媽 VS 白羊座毛小孩

你與你的毛小孩合得來嗎？

如果獅子座的爸媽，有一隻白羊座的毛小孩，每天的生活大概都會熱力四射，沒有閒下來與無聊的時候，喜歡走走逛逛秀自己，秀毛孩的獅子座可能會想帶自己的毛孩去很多地方，別擔心，白羊座的毛小孩是個非常好揪的 High 咖，精力旺盛且不喜歡一直待在室內，只要聽到要出門，牠通常都會熱烈、興奮的回應，出門不旦不怕生，還會搞笑（因為自己本身就是笑點），排除有時候會失控，讓獅子座毛爸媽扯著大嗓門叫牠聽話，或不是故意的搗蛋行為讓爸媽又好氣又好笑，你們如此的組合，就是一對活寶啊。

✪ 合得來指數：60%

你與毛小孩的相處建議

白羊座毛小孩的自主性很高，如果禁止的行為沒有很明顯，牠通常要做什麼就做什麼，「只要我喜歡，沒有不可以」。面對容易失控的白羊座毛孩，獅子座爸媽們就盡情的做回自己，展現王者風範，讓你們的毛孩子非常崇拜你（白羊座很會崇拜偶像），而教法可能也要一點點賞罰分明斯巴達元素。

毛小孩有話要說

「你喜歡要我聽話，就會給我賞賜，我覺得很有成就感，我喜歡這樣。可是遇到我頑皮的時候，你覺得我不聽話，就會對我暴跳如雷。我喜歡你跟我玩，讓我學習以前不知道的事情。」

獅子座毛爸媽 VS 金牛座毛小孩

你與你的毛小孩合得來嗎？

如果獅子座爸媽，有一隻喜歡穩定的金牛座毛孩，那比起跟爸媽出去趴趴走（當然已經習慣的每日例行散步除外），牠反而喜歡舒服的窩在家裡，睡睡覺、看看外面、在房子裡走走消磨時間，乖乖等待爸媽買吃的或好東西給牠，記得！是「好」東西。對獅子座來說，金牛座步調與反應似乎很慢，常常會遲疑了一下才行動，而且固執的跟牛一樣，想睡直接倒在地板上，死拖活拉都不動，好像也不太喜歡到處玩。但當你回家時，毛孩子在門口不吵不鬧沒搗蛋的等，並露出溫暖穩定的眼神，真的會讓心暖暖的。

✪ 合得來指數：40%

你與毛小孩的相處建議

金牛座毛小孩的學習方式屬於一步一腳印的慢慢來型，所以獅子座爸媽要花一些耐心與時間去引導、示範。因為比較沒有安全感，金牛座毛孩一開始並不會給爸媽有太熱情的回應，這對重視回應的獅子座來說可能會有些沮喪，別難過，多給牠一些時間習慣，一切都會越來越好唷。

毛小孩有話要說

「我動作比較慢，反應也比較慢，學得也比較慢，可是在你最需要我的時候，我一定會在。」

獅子座毛爸媽 VS 雙子座毛小孩

你與你的毛小孩合得來嗎？

如果獅子座爸媽有隻雙子座毛小孩，可能會常常以自己的毛小孩為榮，雙子座毛小孩不但聰明、學習力強，還會舉一反三，對於爸媽教的技巧與規定都學的特別快。適應力強、不怕生，喜歡交朋友甚至裝熟的個性，使牠們很適合跟爸媽出門，還會帶回滿滿的誇讚與面子。「這怎麼教的，好乖欸！」、「哇！牠會裝死欸，好可愛」。然而有時候雙子座毛小孩挺善變的，喜歡的食物、零食口味、玩具種類每次都不一樣，昨天明明喜歡吃雞肉乾，今天獅子座爸媽買一袋給牠，牠卻只吃了贈品的起司塊，下次去寵物店買零食時，獅子座爸媽：「每種都來一點點吧（無奈的臉）！」

✪ 合得來指數：60%

你與毛小孩的相處建議

面對雙子座的毛小孩，獅子座爸媽絕對不可以有「懶得教」或「牠一定會聽我的」的想法，因為牠們實在太聰明了，會知道誰可以欺負誰不能惹，然後盡全力去討好不能惹的那位，而可以欺負的那位牠們會常常遊走在法律邊緣，耳根子軟的獅子座，很容易被歸類成可以欺負的那位，所以得有原則才行。

毛小孩有話要說

「我會讓你覺得我很聰明，會讓你覺得我很喜歡學東西，也聽得懂你跟我說什麼，只是有時候你會覺得我太敷衍。」

獅子座毛爸媽VS巨蟹座毛小孩

你與你的毛小孩合得來嗎？

如果獅子座爸媽有隻巨蟹座毛孩，你可能花在家裡與牠身上的時間要多一些，巨蟹座非常重視「家庭」，牠喜歡有自己的家，有舒服柔軟的窩。牠的保護性與母性非常強，如果你常常揪朋友來家裡玩，最好都有一些牠認識的人，否則巨蟹座毛小孩對陌生人可能不會太友善，對方開玩笑打你一下屁股，或拍你一下肩膀，也許牠就出聲警告或擺出攻擊姿勢了！不過牠母性也很強，搞不好能幫你顧小孩，讓你有一些輕鬆的確幸小時刻。 ✪ **合得來指數：40%**

你與毛小孩的相處建議

在面對巨蟹座的毛小孩，獅子座毛爸媽必須要多花一些心思來安撫，牠們既情緒化又敏感，需要很多的愛與關注，有時候情緒來的時候，也並不是食物或玩具就能解決，而是你可能要抱著牠安撫很久，或跟牠說很久話，這對獅子座的你來說，可能較為缺乏耐心，覺得應該聽話就聽話，耍什麼脾氣啦，但在巨蟹座毛孩的心中，家就是牠的避風港，當然很做自己囉。

毛小孩有話要說

「我不喜歡爸爸媽媽說『如果我不乖，就要對我怎麼樣』，因為我知道，這樣會讓我有情緒，會更做不好，所以可不可以讓我很有安全感再來教我，而不是我做不好，你就不喜歡我。」

獅子座毛爸媽 VS 獅子座毛小孩

🐾 你與你的毛小孩合得來嗎？

如果獅子座爸媽有隻獅子座毛孩，那你們的生活應該會既充實又好笑，很多事情可以一起做，當然也可能會有衝突，因為你們的個性實在太像了。獅子座的你們堪稱戲精，可能某天你晚歸，發現牠躺在地上哀號，眼神完全可憐小媳婦，你嚇得要死，但牠根本沒事啊。下次牠又這樣演，你就馬上演回去，假哭的跟什麼一樣嚇壞牠，如果家裡還有別的成員，可能早就默默 po 上 Facebook 表示「這兩位真的演很大」，不過這樣的生活，其實也是趣味連連啦！

✪ 合得來指數：60%

🐾 你與毛小孩的相處建議

面對個性和你很像的獅子座毛小孩，你常常會又好氣又好笑，覺得牠好煩但好像你喔，獅子座毛小孩其實不太需要非常兇的責罵，因為牠們自尊心與榮譽感都非常強，持續讚美與嘉獎牠們，會讓牠們做的越來越好，而骨子裡的天生王者氣質，會讓獅子座毛小孩覺得自己是老大，所以你必須比牠更有氣勢更美麗，牠才會願意奉你為王唷。

🐾 毛小孩有話要說

「有時候我會跟爸爸&媽媽耍個性，因為我們意見不一樣的時候，我們都會堅持自己是對的，但我知道我最後還要聽你的，所以我會耍寶，我希望你很開心。」

獅子座毛爸媽 VS 處女座毛小孩

你與你的毛小孩合得來嗎？

如果獅子座爸媽有隻處女座毛小孩，那你們的生活可能會邁向更健康、正常作息之路，處女座毛小孩重視養生與健康，牠要乾淨整齊的環境、新鮮的食物、絕對乾淨的飲水，水裏只要有一根毛（還是牠自己的狗毛），牠可能就不喝了，甚至還不吃零食，有時候挑剔的行為也會讓獅子座的爸媽挺漏氣的，牠們是想要看到毛小孩，開心吃的樣子啊，怎麼不喜歡呢？！但下次出去你們又會開始找尋養生的純天然狗零食了，甚至會願意買比較高價的烘肉乾機，不怕麻煩的自己烘給毛小孩吃！

✪ 合得來指數：40%

你與毛小孩的相處建議

面對很有原則的處女座毛小孩，你不需要過多的關注與照顧（有時候過度的打擾反而會讓牠很焦慮），獅子座的你只要不要怕麻煩，常常換水、打掃房子，多留心較營養天然的零食，甚至自己做鮮食，處女座狗狗其實是很乖很聽話，也很叫得動的！

毛小孩有話要說

「我好怕你把我當作馬戲團，丟出去表演，我不喜歡太多人的地方，家裡如果人很多，我也會想在我自己的窩裡面，請讓我不要被其他人打擾，因為我有我自己生活的次序。」

獅子座毛爸媽 VS 天秤座毛小孩

你與你的毛小孩合得來嗎？

如果獅子座爸媽有隻天秤座毛小孩，那你應該會想常常帶牠出門走走，天秤座毛孩非常有氣質，很在意自己的形象，只要是踏出家門面對群眾，牠會把自己塑造的既端莊又優雅，可以維持一個讓別人覺得漂亮的 pose 很久，配合度也超高，獅子座爸媽帶天秤座毛孩出門時，總是贏得許多掌聲與讚美，讓你們走路都超有風。結果一回到家，牠就直接躺在地上滾來滾去，還翻肚，氣質優雅形象蕩然無存，獅子座毛爸媽默默搖頭，拍了很多照片在手機裡，為了自己的面子跟毛孩的形象，還是暫時不要公布好了。

✪ 合得來指數：60%

你與毛小孩的相處建議

不管面對大眾還是面對爸媽，天秤座毛小孩的配合度都挺高的，只是在爸媽之前不太需要在意形象問題，當然牠不准你跟其他人說牠的糗事，這點你們挺像的。天秤座毛小孩是群體動物，牠不太喜歡獨自太久，所以如果你無法在家裡長時間陪牠，建議可以幫牠找個伴，牠會更穩定（寂寞會讓天秤座發狂），也可以裝個寵物攝影機來看一下牠在幹嘛。

毛小孩有話要說

「我還能說什麼，爸爸&媽媽說什麼我就得做什麼。」

獅子座毛爸媽 VS 天蠍座毛小孩

你與你的毛小孩合得來嗎？

如果獅子座爸媽有隻天蠍座毛小孩，可能會有喜憂參半的情緒，天蠍座毛小孩的洞察力非常強，牠會靜靜的觀察情勢再採取行動，很多時候牠們不會表露出自己的情緒，對很重視「回應」的獅子座爸媽來說，可能會有些沮喪，覺得自己的毛小孩好像叫了都不應，拿到食物或是收到新玩具的時候，好像也沒什麼感覺，但其實你對牠的愛，天蠍座毛小孩是明白的，早就牢牢記在心底。

✪ 合得來指數：60%

你與毛小孩的相處建議

面對天蠍座毛小孩，不太適合用打的方式或說很重的話，例如，不喜歡牠或不要牠。因為會記仇的牠們一定會記得，其實天蠍座毛小孩自省能力非常高，知道什麼事情能做，什麼不能做，但如果有想做的事情，不管能不能做，牠們都會想辦法做到（不能做的會偷偷來），所以貴重物品還是不要大剌剌放在桌上，收在隱密的地方，不要讓牠看到比較保險啦！

毛小孩有話要說

「我喜歡你有信心、力量和大笑的時候，讓我感覺到很快樂也很有力量。」

獅子座毛爸媽VS射手座毛小孩

🐾 你與你的毛小孩合得來嗎？

如果獅子座爸媽有隻射手座毛小孩，你們應該每天都會過的既開心又充實，只要是要離開室內有關的事情，射手座毛小孩都會興奮的附和（先附和在說，離開室內比較重要）。當獅子座爸媽人來瘋，想炒熱氣氛的時候，牠也會很放得開。活潑好動的射手座毛小孩似乎沒有累的時候，可以從早到晚陪著你趴趴走，牠們喜愛冒險，任何沒去過的地方對牠來說都是新大陸，而回家還會在爸媽身邊轉來轉去想玩玩遊戲。射手座毛小孩很友善，也很直接，牠喜歡交朋友，但如果有惹牠不開心，牠也會馬上表達，排除偶爾失控，射手座毛孩是獅子座爸媽超棒的夥伴。

✪ 合得來指數：80%

🐾 你與毛小孩的相處建議

在射手座毛孩的字典裡，沒有害怕這兩個字，在犯錯的時候你很兇的罵牠，愛辯論的射手座毛孩甚至會回嘴。

獅子座爸媽：「你為什麼要亂尿尿？！為什麼不聽話？！」

射手座毛孩：「我哪有亂尿，我只是尿在這邊，你又沒說不能尿在這邊」。

建議可以在玩樂中教牠東西，牠也會學更快唷！

🐾 毛小孩有話要說

「只要順著爸爸&媽媽的毛梳下來，你就會帶我出去玩，還會買很多好玩的玩具，可是我不會拍馬屁，只會逗你笑，讓你覺得很快樂。」

獅子座毛爸媽 VS 摩羯座毛小孩

你與你的毛小孩合得來嗎？

如果獅子座爸媽有隻摩羯座毛小孩，只要牠沒有曾經有受傷經驗（例如被遺棄或虐待），基本上摩羯座的毛孩是很令人安心的，牠比同年齡的毛孩更成熟、穩定。只要出門前跟牠說一聲，牠便不吵不鬧，乖乖在家裡等你回來。有時候會覺得摩羯座毛小孩有點無趣，要玩遊戲、要逗逗牠們，似乎都沒辦法像其他星座的毛小孩一樣，可以玩得很起勁。由於摩羯座毛小孩的目的性比較強——牠們不做沒意義的事情，像撒嬌可能是要討吃的，裝死便是做了天大的壞事，加上牠不太會表達情感，高興難過都是嚴肅的臉，獅子座爸媽會覺得牠挺不可愛的，怎麼心機那麼重。也許牠的性格不怎麼好玩，但摩羯座毛小孩可是既忠心又認真的好夥伴！

✪ 合得來指數：40%

你與毛小孩的相處建議

面對摩羯座的毛小孩，獅子座需要多一些耐心，很需要經驗的牠們，會在一次又一次的錯誤之間越來越進步，一開始可能很糟，但熟能生巧，而且牠們很有責任感，會使命必達的完成你所指派的任務。

毛小孩有話要說

「你覺得我不夠活潑也不會撒嬌的話，那是因為我不想只做一個寵物狗。」

獅子座毛爸媽 VS 寶瓶座毛小孩

🐾 你與你的毛小孩合得來嗎？

如果獅子座爸媽有隻寶瓶座毛小孩，你可能常常處於有點崩潰的狀態，寶瓶座毛小孩既獨立，又有自己的想法，很多時候牠比爸媽還需要自己的空間，會自己窩在某個角落滾來滾去、玩牠的玩具、咬牠的起司棒，這個時候便是牠的「個狗時間」，是不希望有別的人來打擾的。有時候熱情的獅子座爸媽想要抱抱牠、揉揉牠，寶瓶座毛小孩會默默看你一眼，然後離開現場，留下後面心碎一地的毛爸毛媽，覺得自己的毛小孩離自己好遠啊。然而天生反骨的寶瓶座毛小孩就是如此叛逆，「柔順」、「服從」幾乎很難套在牠身上。

✪ 合得來指數：50%

🐾 你與毛小孩的相處建議

面對寶瓶座的毛小孩，並不太適合用威權的打罵教育，在獅子座的觀點中「再寵你，我還是你的主人」這點會讓對強權反感的寶瓶座狗狗很感冒，你越生氣牠便會越要搗蛋，主人爸媽的階級觀念牠可能根本就沒有，寶瓶座狗狗喜歡「講清楚說明白」事先知道遊戲規則，例如尿尿要在廁所，不然就得關緊閉，當然，也不要用威脅的口氣跟牠說。

🐾 毛小孩有話要說

「希望爸爸＆媽媽跟我有默契，聽得懂我的需求，而不是只一味的叫我要聽話。」

獅子座毛爸媽VS雙魚座毛小孩

你與你的毛小孩合得來嗎？

如果獅子座爸媽有隻雙魚座毛小孩，你可能會拿牠非常沒轍。雙魚座毛小孩非常可愛，有著一雙閃亮亮、水汪汪，似乎會說話的眼睛，當你對牠說了什麼，牠就會用那雙漂亮的眼睛一直看著你，好像在跟你說「我懂！我懂！」。雙魚座毛小孩很善解人意，你會覺得牠特別乖巧聽話。不過雙魚座的膽子也特別小，稍微一點聲響，對牠講話大聲一點，就會露出一副超級可憐，好像被虐待的表情，明明就是牠做錯事，到最後獅子座爸媽反而會很崩潰覺得是自己的錯，自己太兇了，但也很無奈的認為「雙魚座膽子也太小了吧？」

✪ 合得來指數：50%

你與毛小孩的相處建議

面對雙魚座毛小孩，獅子座爸媽可能會束手無策，不能處罰不能罵又不能放任，膽子小的雙魚一被罵就無辜臉，閃著可憐的大眼睛，讓很吃撒嬌這套的獅子座一攤手，完全沒辦法，甚至回家發現狗不見了，只剩下某個地方的一攤尿、搗蛋的殘局，那位犯錯的小笨蛋，完全叫不出來，直到你說「好啦，我不生氣了！」牠瞬間在你面前出現，而某一天你無意用了苦肉計，坐在地上大哭，覺得牠都教不會，隔天你的雙魚座狗狗就自己去廁所上廁所了。

毛小孩有話要説

「我知道爸爸&媽媽不喜歡我太膽小，會讓你覺得很丟臉，又覺得我怕生不夠勇敢，我會再學習勇敢一點。」

處女座毛爸媽

處女座是 12 星座中最有原則與最龜毛的星座，重視整潔與秩序。他們的生活目標就是把每一天都過得很完美，大家都認為處女座超愛乾淨，有些的確是很誇張的愛，其實每一個處女座特質很強的人，心裡都有很潔癖的點，有些人是無法忍受洗手台旁邊有水漬，有些人則是書一定要按高矮或顏色排放，也有些人是情感上的潔癖。為了把每天生活都過得盡善盡美，處女座做事非常謹慎、用心。因為很怕錯，他們總是會做很多功課來讓自己盡量不要犯錯，做很多前置作業來熟悉、掌握整個流程，可能下星期的簡報，月初就會開始準備。處女座不太敢嘗試新的事物，也非常不喜歡臨時改變的行程，這會讓他們完全無法掌控原本的局勢而覺得焦慮慌亂。處女座很挑剔，對於身邊所有人事物都會想要求，但因為是以他自身的標準，常常讓人有「嚴以待人，寬以律己」或「嚴以待人，嚴以律己」的感覺。

在團體中，處女座喜歡走低調路線，太多的目光會讓他們不知所措，但如果有人向他們請教問題，喜歡教學、分析的處女座是很樂於回答的。處女座的守護星是象徵溝通、表達、學習的水星，因此他們的學習力與記憶力都很強，對於自己想要什麼非常明白，會訂定一個規劃表與時間排程來告訴自己每天幾時幾分要做些什麼來達成目標，處女座很重視溝通，但因為個性比較ㄍㄧㄥ，所以無法像雙子座或火象星座們那麼放得開與別人互動，在學習過程中如果心裡有疑問，也是要到自己抽絲剝繭仍然沒答案的情況下才會向老師請教。處女座發脾氣的原因通常都跟「完不完美」、「用不用心」相關，如果事情搞砸了，他們會非常生氣與自責，而他生氣方式偏向碎碎唸，一邊做事一邊唸，什麼都可以講，所以挺多人受不了生氣的處女座呢！

處女座喜歡乾淨整齊有秩序的環境，喜歡用心、仔細的人，喜歡有事情做的感覺，太閒會使處女座有點慌亂。他們也挺養生的，作息正常，飲食健康清淡。如果處女座要養狗狗，會以愛乾淨、不會掉太多毛，性格乖順、安靜、冷靜、不要太活潑的比較適合他。

✪ 適合的毛小孩星座：金牛座、巨蟹座、處女座、天蠍座、摩羯座

處女座毛爸媽 VS 白羊座毛小孩

你與你的毛小孩合得來嗎？

如果處女座爸媽有隻白羊座毛小孩，一人一狗可能都會挺崩潰的，因為你們個性實在太不一樣了，處女座爸媽個性小心謹慎、愛乾淨有原則、要求完美。白羊座毛小孩則是想到什麼就做什麼，熱情奔放、不拘小節，「爽」比較重要，也比較任性。當牠出去跑跑時，絕對不會只乖乖的走人行道，而是狂奔、滾草，把自己弄的一身泥巴。有了白羊座毛小孩，本來就喜歡整潔的處女座，打掃家裡的頻率也會更高，因為敏感的處女座是無法忍受家裡充滿了毛髮、灰塵，髒污的，尤其是白羊座這麼愛爆衝的個性，一衝過去天上毛髮飛舞啊。

✪ 合得來指數：30%

你與毛小孩的相處建議

面對白羊座的毛小孩，處女座爸媽會默默嘆了幾口氣，「我這麼有原則的人，怎麼會有一隻那麼失控白目的毛小孩呢？」，甚至會開始鑽牛角尖，覺得自己是不是有什麼問題，為什麼連自己的孩子都教不會，這個傢伙根本就是來打破自己所有的原則與規定嘛！但其實人生本來就不是完美，跟白羊座毛小孩相處，要用著較為輕鬆的心態，就算突然而來的事件，也沒什麼不好，適當的放手不要讓自己那麼糾結，是會更開心的，牠就是來陪你玩的啊！

毛小孩有話要說

「你總是嫌我吵，覺得我很不乖，我覺得很沒有成就感，也覺得自己很糟，可不可以給我一點鼓勵。」

處女座毛爸媽 VS 金牛座毛小孩

你與你的毛小孩合得來嗎？

如果處女座的你有隻金牛座的毛小孩，與好動的白羊座相比，牠讓你安心多了，金牛座毛小孩的穩定性高，不會那麼橫衝直撞、三不五時就闖禍，相反的，牠很安靜，可以做相同的活動持續很久。牠步調很慢、很愜意，而你則是生活非常緊湊，希望一整天都塞滿滿，規律的作息、健康的飲食，完美的人生，只要稍微沒事做就全身不對勁。對待你的毛小孩，你很細心，但也容易焦慮，只要牠稍稍跟平常不一樣，你就會非常緊張，就算結果只是小小的感冒，你還是會不斷自責自己沒有把牠照顧好，不過好險金牛座毛小孩不太會生病，只是比較容易發胖而已，這時你就會逼牠一定得吃醫生開的處方減肥餐了。

✪ 合得來指數：60%

你與毛小孩的相處建議

金牛座毛小孩看似隨和，但也非常固執，習慣取向的牠們，雖然不會正面跟你衝突，卻是會無聲的抗議，例如完全不吃飯來表達牠不想吃減肥餐，對愛吃的牠們來說，吃不好吃的減肥餐根本要牠們的命啊！所以不要一下就要求牠接受改變，讓牠慢慢習慣而成自然，對你們都好唷！

毛小孩有話要說

「你要求我要做到你教的事情，我會記得，也盡量不要犯錯，只是不要一邊教一邊碎碎唸我，好像在罵我，我會很害怕，可是我又覺得你是對的。」

處女座毛爸媽 VS 雙子座毛小孩

你與你的毛小孩合得來嗎？

如果處女座的你有隻雙子座的毛小孩，你們的組合說適合也不是太適合，說不適合但好像又不會。雙子座毛小孩既懂得看臉色又知道看場合，面對各種不同的人，牠都有自己一套應對方式。當你試圖把一切都按表操課，每天吃什麼，幾點出去散步等等，雙子座毛小孩總是有辦法從你計畫裡的漏洞鑽過去，沒有犯錯但遊走在法律邊緣，這讓喜歡完美的處女座超級頭痛，於是你和雙子座毛小孩默默的開始鬥智了，這也算是生活中的一種樂趣吧。

✪ 合得來指數：40%

你與毛小孩的相處建議

雙子座毛小孩不但學習力強，模仿功力更是一流，在教牠的過程中，你會很有成就感，想教牠更多，剛好處女座也是喜歡教學的，而且你會很認真的教牠（當然也是教牠很認真的東西），例如坐下、握手、在廁所上廁所等等，有時候你求好心切，希望牠學得更快更好，但急迫的口氣與過度完美的要求，只會讓雙子座毛小孩覺得越來越不好玩，所以在教學過程中，不要把氣氛弄緊繃了。

毛小孩有話要說

「本來學習是一件很快樂的事情，可是爸爸媽媽給我的訓練讓我覺得好無趣，是不是可以讓它變的比較好玩呢？」

處女座毛爸媽 VS 巨蟹座毛小孩

你與你的毛小孩合得來嗎？

如果處女座的你有隻巨蟹座的毛小孩，你們會相處的挺不錯的，巨蟹座毛小孩很家居，不喜歡離家太遠，能夠舒舒服服的窩在家裡，牠會很快樂，你可以放心做自己的事情，牠會乖乖在旁邊滿足的窩著。儘管你們都不怎麼愛出門，你還是會覺得要曬曬太陽比較健康，不能一直悶在家裡，所以會帶牠一起出去散散步。對於你的用心，巨蟹座毛小孩都用力記在心底，喜歡被疼愛、被照顧，又懂得知足感恩的牠，對你會有一份愛與感激之情，你為牠所做的一切，牠都很願意接受，也讓你更想要再為牠付出很多，你們真的是很棒的組合呢！

✪ 合得來指數：60%

你與毛小孩的相處建議

巨蟹座毛小孩是情緒化的生物，牠很懂得看臉色，也很敏感，所在教牠的時候，請盡量讓自己的情緒平和，不要太過急躁與緊繃，因為當牠發現你起伏越來越大的情緒，牠也會跟著著急、慌亂，更容易出錯。

毛小孩有話要說

「我知道你教我都是希望我可以學好，因為這是本來就應該要學的，只是有時候我會因為自己不穩定的狀態，本來已經學會的又做錯了，我很擔心，讓你覺得不高興。」

處女座毛爸媽 VS 獅子座毛小孩

你與你的毛小孩合得來嗎？

如果處女座的你有隻獅子座的毛小孩，我想…你們彼此的角色可能會稍稍的對調，因為天生就有王者氣質的牠，對於「使喚人」這件事，非常得心應手，也習慣要有人為牠服務。你會想辦法達到牠每個要求，幫牠梳毛，準備現煮鮮食，乾淨過濾水，只要能達成的，事必躬親又勤勞的處女座，絕對會幫獅子座毛小孩完成，獅子座毛小孩非常享受這種感覺，也會有教養的表示謝意，例如對你撒撒嬌，認為你是牠的最佳服務員。 ✪ 合得來指數：40%

你與毛小孩的相處建議

所有你的原則、規定，可能都無法「強行」使用在獅子座毛小孩身上，因為獅子座是無法被勉強做自己不喜歡的事情的，牠會很明白的表現出「牠不要」，但對待獅子座毛小孩有小撇步，收起處女座的精密與挑剔，減少責罵，多對牠美言幾句，牠就會比較順服你唷。

毛小孩有話要說

「我覺得爸爸＆媽媽不夠有幽默感，有時候我是演給你看，讓你覺得我不會，其實我根本就懶得學，因為要我學的部分讓我覺得不好玩，不要太緊張，我自己會表現出來。」

處女座毛爸媽 VS 處女座毛小孩

你與你的毛小孩合得來嗎？

如果處女座的你有隻處女座的毛小孩，你們是很好的夥伴，搞不好牠根本就是縮小版的你，因為你們的性格真的非常相似，需要絕對整潔的環境，要吃營養清淡且養生的食物，你們都有些挑食，牠可能比你還挑。你的處女座毛小孩似乎也不太吃加工的零食，手烘的肉乾或天然的零食牠比較會買帳，你可能會覺得牠超難搞，怎麼稜稜角角這麼多？但也許在你的朋友或家人眼中，你就是這樣！

✪ 合得來指數：50%

你與毛小孩的相處建議

處女座毛小孩不太會搗蛋，懂得自律的牠知道什麼時間該做什麼事情，有一套自己的生理時鐘，當然你的規範牠也樂意配合，除非到已經忍無可忍的地步。處女座毛小孩也很獨立，你們可以在同一個空間，各自做自己的事情，你工作、滑手機或看看書，牠玩牠的玩具，或陪著你一起看電視，不過要確保是牠真的有事情做的，因為閒不下來的處女座在沒事做時會特別的焦慮，人跟狗都是。

毛小孩有話要說

「我有時候喜歡吃鮮食欸，我不喜歡吃飼料，你可不可以弄給我吃，可是要注意我的腸胃唷。」

處女座毛爸媽 VS 天秤座毛小孩

你與你的毛小孩合得來嗎？

如果處女座的你有隻天秤座的毛小孩，你會覺得牠的「外在」非常完美，內在有待加強，因為對喜歡把生活過得很緊湊的處女座來說，天秤座實在太懶惰了，但有一天當你心血來潮帶牠出席朋友聚會時，牠會變得既有規矩又有氣質，使你的朋友驚呼：「天啊！你的狗好漂亮，好乖好有規矩，你把牠教得真好欸！」這時你臉上默默冒出三條線，心虛的笑著點點頭，既然朋友都說你教得很好，那就不戳破牠了。

✪ 合得來指數：40%

你與毛小孩的相處建議

天秤座毛小孩既愛好和平個性又隨和，對於你的那些規矩，例如幾點吃飯、散步的時間等等，牠都會願意配合，但有點懶骨頭的牠們比較無法接受「不能在床上、沙發上睡覺」這件事，因為天秤座最喜歡靠著軟軟的東西，讓自己舒舒服服的，被子、枕頭、人，都會成為牠們的靠墊，除非你把牠的窩弄得真的很舒服，否則你還沒上床睡覺，就會發現有隻狗已經蓋好被子睡在那邊了。

毛小孩有話要說

「我覺得爸爸&媽媽跟我的互動很無聊，可不可以帶我出去但不要讓我走太多路。」

處女座毛爸媽 VS 天蠍座毛小孩

你與你的毛小孩合得來嗎？

如果處女座的你有隻天蠍座的毛小孩，你會拼了命的想要瞭解牠，但幾乎都隔著一層紗，天蠍座毛小孩似乎特別難懂，好像也有點難搞。會做事前準備的處女座，在養狗之前便會做些功課，如何飼養、會有什麼病症、什麼食物可吃可不吃，甚至毛小孩的星座會有什麼個性，所以你可能知道牠防衛心強，難以相信別人，會記仇等等，對待牠會很小心翼翼。你們彼此可能會呈現一種，禮貌但有距離的狀態。不過既然是你的毛小孩，認真的處女座一定會做好你認為該做的事情，打掃、餵食、散步等，你的天蠍座毛小孩會漸漸感覺到你的用心，對你放下心房、釋出善意，一旦你被牠認定後，你會成為牠不可或缺的存在。

✪ 合得來指數：45%

你與毛小孩的相處建議

對待天蠍座毛小孩，不需要太嚴格的規定與管教，因為牠其實很懂得自律，只要你讓牠覺得很安心、能信任，牠便會很認真聽你的話而不搗蛋。

毛小孩有話要說

「請多記得我的好，不要一直碎念我的不好。」

處女座毛爸媽VS射手座毛小孩

你與你的毛小孩合得來嗎？

如果處女座的你有隻射手座的毛小孩，光是牠的超大運動量，有點無法控制的行為，就足以讓你覺得有點吃不消，可能還因此減了幾公斤，算是另類的運動吧。很愛大自然的射手座毛小孩，基本上每天都得出家門呼吸一下外面的空氣，有太陽就在太陽下奔跑翻滾，下雨天就踩著雨水跑跑跳跳，對牠來說，門內門外是兩個世界，在家裡太長時間會讓射手座毛小孩想拆房子，把家裡當成遊樂場，找出所有可以玩的東西，包括你心愛的衣服、鞋子、廁所的衛生紙等等，讓喜愛整潔、有次序感的處女座每天回家都上演大叫崩潰的戲碼。

✪ 合得來指數：30%

你與毛小孩的相處建議

對崇尚自由的射手座來說，沒有什麼規範是可以限制牠的，所以你的原則、規定，對牠來說根本就像牠跑步，被拋在腦後吹過的風一樣。對待射手座毛小孩不能放任，但也不適合太嚴格、過度要求，可以用跟牠約定的方式，牠很信守承諾的。

毛小孩有話要說

「請給我一片自由的空間，讓我可以活動好嗎？不要管我這麼多，因為我只是一隻狗嘛！」

處女座毛爸媽 VS 摩羯座毛小孩

你與你的毛小孩合得來嗎？

如果處女座的你有隻摩羯座的毛小孩，你可以較為放心的去做你想做的事。你們都獨立且務實，處女座重視事前的準備功課，摩羯座則重視經驗，隨著一次又一次的學習而將事情做得越來越好，這些事情對你們來說都必須是有意義的，尤其是摩羯座。對於感情的表達，你們似乎都有些生疏，你不太會跟牠說「我愛你」，牠也不知道要怎麼跟你撒嬌，就算有一方要主動釋出善意，那一定是你來做，因為牠比你還更ㄍㄧㄥ，但對彼此來說，你們都是對方不可或缺的存在。

✪ 合得來指數：60%

你與毛小孩的相處建議

面對獨立、自律又有責任感的摩羯座毛小孩，你所指派的任務、交代的事項，牠都有使命必達的決心，你可能什麼都想牠，但必須要讓牠知道學習這些是牠會用到的，否則牠會用一種「你現在是在浪費我的時間」的眼神看著你。

毛小孩有話要說

「我希望你可以多想到對我比較實用、長遠性的訓練方式，我比較願意去學。」

處女座毛爸媽 VS 寶瓶座毛小孩

🐾 你與你的毛小孩合得來嗎？

如果處女座的你有隻寶瓶座的毛小孩，嗯……你應該要買普拿疼了，因為會很頭痛，火象星座們雖然熱情活潑，難以束縛，但某些時候還是守規矩的。寶瓶座，這個有點叛逆、反骨的星座，如果大家都落在圈圈裡，牠會跑到圈圈外；每隻狗都在吃鮮食，牠偏要吃飼料，牠就是那個所有已知可能中的唯一例外。寶瓶座嚮往自由，包含身體上的自由與心裡上的，對牠來說，規範就是擺好看的，除非牠有志同道合的對象。這對什麼事都必須要有個典範、原則的處女座來說，寶瓶座毛小孩就像一顆隕石，讓你的生活從此有了驚天動地的改變。

✪ 合得來指數：30%

🐾 你與毛小孩的相處建議

對待寶瓶座的毛小孩，你不需要太多關注，不需要一直跟著牠叫牠做什麼，怕牠受傷、生病，或追著要牠吃飯喝水，這對寶瓶座毛小孩反而是一種負擔，牠喜歡有自己的獨立空間，當你一直在旁邊碎唸牠不懂規矩，都不聽話，牠只會心不在焉的走來走去，完全活在自己的世界與思考模式中，讓你更生氣，所以還是放鬆些，多給牠一些空間吧。

🐾 毛小孩有話要說

「你很愛管我、教我，讓我覺得很沒有自己的個性，其實你不用這麼擔心，你就是跟我講、跟我討論，不要一直不停的要我必須這麼做。」

處女座毛爸媽 VS 雙魚座毛小孩

你與你的毛小孩合得來嗎？

如果處女座的你有隻雙魚座的毛小孩，你會挺擔心的。因為雙魚座與其他星座比起來，身體稍微弱了一些，容易過敏、感冒，你也許要三不五時就跑一趟獸醫院，採購多種營養保健品，甚至會自己研究，知道什麼樣的疾病會有怎麼樣的症狀。膽子小的牠容易受到驚嚇，跟你一樣不太喜歡跨出舒適圈，不喜歡去太遠的地方，去見很多自己不認識的人，面對那些未知的恐懼，當你帶牠出席朋友的聚會時，牠可能幾乎都瑟縮在你懷裡，怯生生的樣子，或是一直待在自己的外出籠裡睡覺，不願意見人。 ✪ **合得來指數：50%**

你與毛小孩的相處建議

對自己在意的人事物，總是很用心的處女座，在付出時，也會要求對方，希望對方達到你的標準，但雙魚座毛小孩的適應力與反應力都沒那麼好，你嚴格的標準只會讓牠更緊張與害怕，不如放鬆些，牠會做的更棒。

毛小孩有話要說

「我總是覺得自己不夠好，達不到爸爸＆媽媽的標準，這讓我感覺很難過，可不可以多抱我一下，給我多一些溫情。」

天秤座毛爸媽

天秤座是 12 星座中給人感覺最有氣質的星座，坊間常說帥哥美女幾乎都出自這裡，我不否認，因為善於社交、較為在意他人眼光的天秤座，的確很注重自己的形象，不管是穿著打扮、言行舉止、禮貌談吐等等。他們會很認真的去化妝、配衣服、穿搭，讓自己既好看又不突兀，能夠給別人好的印象，呈現自己最美好的一面，就因為如此，天秤座也會希望自己的對象是一個對自己外在很用心經營的人，就算不是天菜級，至少要懂得怎麼穿衣服，看起來要舒服乾淨吧！對重視平衡的天秤座來說，「我好看，你也好看，這樣才公平」、「我將我最美麗好看的一面呈現給你，你也必須要這樣對我」，所以天秤座總是會被形容為一個很「外貌協會」的星座，特別在意外表呢！雖然他們有些外貌協會，不過很多人都會滿喜歡跟天秤座相處的，屬於風象星座的他們，有著不錯的反應力及適應能力，他們人很好，會以朋友或團體為重，常充當和事佬或幫助別人仲裁、決定事情，所以有些天秤座的人也會去考取法官的職務。但對於自己的事情，他們好像有選擇障礙，不管是看菜單、挑衣服、下決定，都會思考很久，呈現非常猶豫不決的狀態，所以在面臨選擇的時候，天秤座會依賴親近的人幫自己下決定。

在團體中，天秤會扮演著中間人的角色，天生和平主義者的他們，在許多事情上都會以整體氣氛為重，就算心裡有一把尺知道自己吃虧很多，他們仍然會選擇委屈配合，不製造衝突破壞氣氛，所以天秤座朋友圈會有兩種，覺得他很可憐替他抱不平的人，或是覺得他有點虛偽，不喜歡他的人，不過天秤座也不是省油的燈，等到真的忍無可忍生氣時，會直接搞失蹤聯絡不上，或是運用群眾的力量，讓對方無地自容。

天秤座喜歡藝術、美麗的人事物、有人陪伴，怕寂寞的他們如果是自己住，的確很適合養一隻毛小孩陪伴他，但一隻就夠了，因為喜歡出去聚會、逛街的天秤座，並沒有那麼多時間照顧牠們，雖然他會很想養兩隻，比較熱鬧。天秤座適合養比較溫馴、親人，不會太爆衝的狗狗，或是可以抱在手上、裝在籃子、提袋裡的小型犬，出去的時候也可以帶著他。

✪ 適合的毛小孩星座：雙子座、獅子座、天秤座、寶瓶座、雙魚座

天秤座毛爸媽 VS 白羊座毛小孩

你與你的毛小孩合得來嗎？

天秤座對於美與藝術的事物特別喜歡，也特別注重自己的形象，幾乎都會打扮過後再出門與人聚會。白羊座毛小孩很愛往外跑，常常會要你帶牠出去玩，然而你會想要打理好自己再出門，所以牠經常要處於等待階段，等你化妝、抓頭髮、配好全身穿搭，導致牠等到不耐煩，可能直接一頭撞上你的化妝檯 / 衣櫥 / 牠能撞到的你身上的任何部位，再在你面前撒泡尿以表示牠的極度不滿，這時你大概覺得牠是全世界最討厭的生物。

✪ 合得來指數：50%

你與毛小孩的相處建議

你的白羊座毛小孩精力大概多你 100 倍以上，除非牠發洩到沒電，否則只會在家裡不停的闖禍，做出許多白目、會讓你尖叫的事。你心情好的時候會覺得很熱鬧、有活力，心情不好時，則會覺得牠很吵很煩，所以動起來，不要再懶了，早點起床，出去跑步也好、散步也好，帶著你的毛小孩去室外呼吸一下新鮮空氣吧，但別走出室外又回到另一個室內了。

毛小孩有話要說

「有時候覺得爸爸＆媽媽脾氣很好，都會對我很和善，有時候你心情不平衡的時候，會覺得我很煩很吵，所以我要學著讓自己不要這麼白目。」

天秤座毛爸媽VS金牛座毛小孩

你與你的毛小孩合得來嗎？

天秤座毛爸媽與金牛座毛小孩是一個集合了藝術與美的組合，你們都喜歡美麗的人事物，享受慵懶、自在的生活，也擁有很棒的品味，跟金牛座毛小孩一起，你不需要擔心很趕，可以慢慢的做自己想做的事，牠不喜歡出門，也不會催你，就算在家裡耍廢也沒有關係。然而有時候金牛座毛小孩會想要自己好好休息，如果這時你有朋友想跟牠玩，牠又不太理人，你便覺得牠有些不近人情了。

✪ 合得來指數：50%

你與毛小孩的相處建議

金牛座毛小孩本身就比較慢熟，所以盡量不要勉強牠去不熟悉的地方，或是見牠不認識的人，如果你喜歡出去聚會，你可以跟牠說一聲之後就放心的出去，只要別玩得太晚就好。因為你們都有點懶，金牛座毛小孩又特別居家，所以也要記得出去動一動，既健康又可以避免發福。

毛小孩有話要說

「謝謝爸爸＆媽媽給我舒服的環境，也陪伴我讓我覺得很有安全感，只是有時候我反應比較慢，或者是不喜歡出去跟人家互動的時候，請你不要認為我很孤僻。」

天秤座毛爸媽 VS 雙子座毛小孩

🐾 你與你的毛小孩合得來嗎？

天秤座毛爸媽與雙子座毛小孩是一個集合了時尚與八卦的組合，兩個都挺愛社交生活的，你們的行程偏向見朋友、聚餐、逛街，小型犬的話對你來說更方便，籃子或袋子一拎就走，如果牠很愛叫，你會選擇把牠留在家，畢竟打擾到別人就不好了，你很重視禮貌的。你們都很喜歡輕鬆的生活模式，所以會相處的很自在，而雙子座毛小孩對其他動物都很友善，不會爭寵、吃醋，使你可以很放心的飼養其他毛孩子。

✪ 合得來指數：70%

🐾 你與毛小孩的相處建議

重視平衡的天秤座，對家裡養的每隻毛小孩幾乎都很公平，因為你希望自己也同等被對待。當你心情好的時候會對牠們很和善，但心情不好時，就容易有遷怒的狀況發生，你會開始限制牠們的行為，之前可以做的事，現在通通不能做，你的雙子座毛小孩非常懂得看臉色，牠知道你在生氣，但對你的限制會覺得十分莫名其妙，尤其是你對牠做一些不合理的要求。

🐾 毛小孩有話要說

「大部分爸爸＆媽媽都非常和氣，也很公平的對待我，可是有時候你遇到不公平的事情，也會限制我，或因為我沒有辦法完成的事情而責罵我。」

天秤座毛爸媽 VS 巨蟹座毛小孩

你與你的毛小孩合得來嗎？

天秤座毛爸媽與巨蟹座毛小孩的組合，比較偏向「實質的陪伴」關係，你會喜歡牠在你旁邊陪著，讓你知道你不是孤單的，你愛牠，覺得牠很可愛，但你有朋友、家庭、工作、其他娛樂或另一半，不會整顆心都放在牠身上，但這跟巨蟹座毛小孩想要的並不一樣，所以牠開始悶悶不樂，鬧情緒以表示抗議，然而你只會覺得牠很奇怪，怎麼突然這麼不乖，並不會想到其實是牠沒安全感。

✪ 合得來指數：40%

你與毛小孩的相處建議

天秤座很喜歡與人群互動，常常會出門參加朋友的聚會，而巨蟹座毛小孩很居家，通常不會跟你出門。需要陪伴的天秤有時會很體貼的想給自己的毛小孩找個伴，讓牠比較不孤單，然而當你在教牠們的時候，會常常把兩隻（或好多隻）都拿來比較，「大家都可以做到，為什麼你不行？」，但這麼一比，其實敏感的巨蟹座毛小孩會非常受傷，覺得因為自己不如其他人，你是不是就不喜歡牠了。

毛小孩有話要說

「你都很愛比較，讓我很害怕你會越來越不喜歡我，所以我有時候都會情緒不穩定，這樣也會影響我吃飯、我的身體。」

天秤座毛爸媽 VS 獅子座毛小孩

你與你的毛小孩合得來嗎？

時尚閃耀的組合來了，天秤座毛爸媽與獅子座毛小孩的組合多半是「俊男美女＆型男潮女，配上俊狗＆靚狗」，走在路上回頭率100%，讓本來就很喜歡被行注目禮的獅子座毛小孩爽翻天，覺得大家都在看牠，更是要你每天幫牠梳毛打扮，還要有各種不同的造型。你們相處起來會很開心，你不喜歡勉強別人，你對你的獅子座毛小孩亦是如此，牠會很喜歡跟你一起。 **✪ 合得來指數：80%**

你與毛小孩的相處建議

基本上你們相處起來不會有太大問題，你喜歡打扮自己，也會幫牠打扮並稱讚牠，讓獅子座毛小孩心情很好，所以牠會很乖，不會為你惹麻煩。你對自己的事情常常有選擇障礙，這時如果獅子座毛小孩在旁邊，你便會問牠的意見，覺得哪樣比較好？雖然不見得聽得懂牠回答什麼，但獅子座毛小孩會覺得非常開心，因為你很尊重牠。

毛小孩有話要說

「我覺得你會把我展現在可以呈現出我優點的地方，讓大家覺得我很棒，你也會問我的意見，讓我覺得我很受到尊重，我很開心。」

天秤座毛爸媽 VS 處女座毛小孩

你與你的毛小孩合得來嗎？

處女座毛小孩很懂得自律又愛乾淨，牠很有原則，清楚知道自己到底該做什麼事，或想要什麼，不太需要人督促。幾乎每個處女座都會有一套屬於自己的生活作息，記在腦海裡每天按表操課，假使作息突然被打亂，便會瞬間無所適從。天秤座走隨性路線，不想要生活過得那麼嚴格，凡事以舒適輕鬆為主，所以什麼時候餵你的毛孩子，什麼時候出去散步，都不太會有確切的時間，幾乎都是抓個大概、等你想到或牠來提醒你，這對處女座毛小孩來說，牠會一直來提醒你的！

✪ 合得來指數：50%

你與毛小孩的相處建議

處女座毛小孩不需要別人要求就懂得自律，只要有一個規範給牠參考，牠便會成為模範毛小孩，就算你懶得訂，牠也會自我要求，但處女座的作息是不容打亂的，如果你有了另一半或三五好友想要去你家聚聚，也千萬不要影響到處女座毛小孩，不然牠容易生病。

毛小孩有話要說

「你找的伴也要能注意到我的生活作息，最好也讓我能習慣她。」

天秤座毛爸媽 VS 天秤座毛小孩

🐾 你與你的毛小孩合得來嗎？

當兩個天秤座放在一起，就是魅力與品味的大組合，或許你們長相都不屬於天菜或天毛（就是天菜類型的毛小孩）的類型，但因為你們對人都很和善，會花時間顧形象（如果家裡有全身鏡，你們大概每天都上演搶鏡子，然後帥帥、美美的一起出門），你們都喜歡交朋友，使大家都不自覺會很喜歡你們。而因為個性很像，你們對彼此也有「相看兩不厭，只有敬亭山」之感呢！

✪ 合得來指數：60%

🐾 你與毛小孩的相處建議

你很願意幫牠打扮，帶牠出席各種社交場合，然後為這隻毛小孩的超重的形象包袱，感到快要昏倒，「有沒有這麼誇張，也太假掰了吧！」瞬間很想拿個大聲公，跟朋友們說牠在家裡絕對不是這樣。但建議你不要，如果知道你這樣做，或讓牠知道你把牠的蠢事都分享給朋友的話，哪天你請了溝通師，牠就把你的醜態全部抖出來了。

🐾 毛小孩有話要說

「我覺得家裡跟外面爸爸＆媽媽好像變了一個人。（有打扮＆沒打扮／個性包裝過＆做自己）」（這是什麼令人噴飯的話，哈哈）

天秤座毛爸媽 VS 天蠍座毛小孩

你與你的毛小孩合得來嗎？

天秤座毛爸媽與天蠍座毛小孩的組合，很像市面販售的一款酒類——「冰火」，你們的個性一冷一熱，你外在配合度高、喜歡交朋友，內在卻不會把感情看的太重太濃，陪伴相處比較重要；你的天蠍座毛小孩外在冷漠不親人，內心對重要的人付出的愛卻比任何人都還多，牠的獨佔欲很強，有時候你會覺得有點喘不過氣，但牠幾乎都很挺你，還會跟你一起討厭你不喜歡的人。

✪ 合得來指數：50%

你與毛小孩的相處建議

對你來說，天蠍座毛小孩是很好的陪伴者，但對天蠍座毛小孩來說，你不只是陪伴，你是牠的整個世界，牠不在乎你的美醜、身材比例，就是願意愛你、守護你、支持你，所以不要帶牠去取悅一些你不喜歡的人，你都不喜歡對方了，何況是牠？而且牠可能會默默想辦法整對方的，也不用一直跟朋友們談起牠， 因為牠根本不在意那些朋友是誰，他們也不需要知道牠的事情。

毛小孩有話要說

「我不喜歡讓我不喜歡的人玩我，也不喜歡一直談我，我只要你就好了，其他人我不在意。」

天秤座毛爸媽 VS 射手座毛小孩

你與你的毛小孩合得來嗎？

射手座毛小孩大概是上天派給你的健身教練，讓你不要一直懶在家裡，可以出去運動一下鍛鍊身體，不過牠沒有耐心等待你搭配好衣服，牠可能會不斷的吠叫，或是在家裡折返跑。天秤座養毛小孩，通常都是為了陪伴，然而射手座毛小孩，可能沒有什麼陪伴的功能，除非是旅伴，因為牠實在不喜歡待在室內，所以有時候你會覺得牠很白目，你都難過成這樣了，牠還只想著要出去玩。

✪ 合得來指數：50%

你與毛小孩的相處建議

對於射手座毛小孩，不要從牠那兒試圖找到太多感情的依歸，牠本來就是浪跡天涯、四海為家的個性，牠不太會安慰人，但牠可以散播快樂給你。射手座毛小孩的活動力很大又喜愛奔跑，當你沒辦法常常帶牠出去時，請收好家中所有易碎及貴重物品，然而這不是長久之計，所以還是乾脆點，帶牠外出走走吧，或找個伴陪你遛狗也是不錯的選擇。

毛小孩有話要説

「我覺得我都不太顧慮到你的心情，我只想要玩、要出去，我覺得很過意不去。」

天秤座毛爸媽 VS 摩羯座毛小孩

你與你的毛小孩合得來嗎？

摩羯座毛小孩大概是 12 星座毛小孩裡最好養的，身體健康、穩重有規矩，牠不用吃很高級的飼料，一個玩具便可以玩很久，你不用一直把注意力放在牠的身上，成天對牠說自己有多麼愛牠，摩羯座毛小孩不用大量的奔跑或玩樂，只要散散步消耗體力即可，讓你在很累回家時，不需要煩惱「我已經很累了，可是我還得帶牠出去。」，摩羯座普遍較為長壽，可以陪伴你比較久的時間，雖然有時候有些無趣，無法在你生活中增添任何趣味及驚喜，但牠永遠都是你忠實的夥伴，堅定不移。

✪ 合得來指數：50%

你與毛小孩的相處建議

比起愛與稱讚，摩羯座毛小孩比較需要成就感與尊重，牠的無聲守護與忠誠聽話，是希望自己能被這個家的所有人重視，所以在教育牠時，請教牠一些真的有用，對你有所幫助的事情。雖然牠不太會表達自己，但牠心中是愛你的，因此對於摩羯座毛小孩有時的示好，請熱烈的回應牠。

毛小孩有話要說

「我希望我的爸爸＆媽媽把我訓練成一個有用、好用，可以幫助你的毛小孩。」

天秤座毛爸媽 VS 寶瓶座毛小孩

🐾 你與你的毛小孩合得來嗎？

天秤座毛爸媽和寶瓶座毛小孩的組合就像是朋友，沒有太多「毛爸媽」與「毛小孩」的概念，有時候你們雖然在同個空間，但會各做各的事，很有默契的不打擾對方，心裡也不會因此感到寂寞，偶爾你在懶在沙發上滑手機，牠便走到你旁邊用頭蹭蹭你，邀請你跟牠一起玩，這時你們又感覺如膠似漆。寶瓶座是不按牌裡出牌的，你不會知道你的寶瓶座毛小孩又要給你什麼驚喜或驚嚇，不過你認為沒關係，牠不要從家裡蒸發就好。

✪ 合得來指數：70%

🐾 你與毛小孩的相處建議

你們相處基本上沒有什麼問題，輕鬆自在，彼此都有自己的空間做自己想做的事情，有時候你會希望你們有某種關係，像是牠是你的毛小孩，但寶瓶座毛小孩可不這麼覺得，牠是獨立個體，不屬於任何人，比起「我的狗是寶瓶座！」，牠比較喜歡你說：「（牠的名字）是寶瓶座。」，但牠大部分還是很喜歡你的。

🐾 毛小孩有話要說

「我喜歡享受這種彼此都在屋子裡，知道對方都有需要時，就會來討論溝通的感覺，有聞到自由的空氣。」

天秤座毛爸媽 VS 雙魚座毛小孩

你與你的毛小孩合得來嗎？

你喜歡陪伴，雙魚座毛小孩便是很好的陪伴者；你喜歡朋友，雙魚座毛小孩也願意成為你最好的朋友，你去哪兒，牠就去哪兒，只是牠膽子很小，初見陌生人時會有些害怕，若是認識的人，牠便露出友善的表情，馬上跑去跟對方撒嬌，非常惹人疼愛。養一隻雙魚座毛小孩，有時候你會覺得缺乏空間，因為牠實在太黏你了，但這就是牠想要表達愛的方式，而其實你也漸漸習慣有牠在的時候。

✪ 合得來指數：60%

你與毛小孩的相處建議

雙魚座毛小孩很依賴自己的毛爸媽，覺得就算天塌下來也可以幫牠擋著，你就是牠的保護傘，一旦你不在家或家裡沒人時，敏感的雙魚便會有些焦慮，導致不斷的舔腳或咬自己的毛，所以盡量不要把雙魚座毛小孩一個留在家，或者買個娃娃給牠，讓牠有些安全感。如果想帶牠出去，也不要一下就讓牠跟別的狗或陌生人互動，讓牠習慣一下，否則牠會很害怕。

毛小孩有話要說

「我覺得陪伴你很好，但要我跟其他狗狗互動，會讓我很害怕，我只想跟你。」

天蠍座毛爸媽

天蠍座是 12 星座裡最具有神秘感的星座，他們深藏不露、喜怒不形於色，甚至在面對大風大浪時，臉上還可以平靜無波，完全無法得知他們真實的想法，很多人都說天蠍座很難懂，的確，因為天蠍座本人並不想要每個人都瞭解他，他們喜歡保持一點距離，這也是他們的魅力所在。天蠍座的守護星是冥王星，離我們最遠，有異常極端的氣候，因此天蠍座也帶著這樣極端的性格與深沈的個性，外表看似冷漠距離，卻有顆火熱的心，對愛專注且堅定，一旦被他認定為自己人，便視為刎頸之交，願意把自己完全奉獻給對方，甚至為對方豁出性命，然而他的控制慾與佔有欲也很強，總是想要當對方的唯一，試圖影響對方，不允許背叛與欺騙。天蠍座的意志力非常強，個性也十分固執，一旦設定了什麼目標、決心想做什麼事，便一定要達成，不達目的絕不善罷甘休，就算你禁止他們去做，他們還是會默默在你看不到的地方完成。

在團體中，天蠍座不會太出風頭，儘管能力再好，他們仍隱身在人群中或在幕後觀察一切，所以他們總是被人認為難相處，但這樣的面貌呈現只是因為他們希望不要有閒雜人等去打擾，並不是真的特別討厭誰。天蠍座的脾氣不差，不過也不是太好，平常他們不會有太多意見，但當真的生氣，或想要表達什麼，便要全部人都知道他的要求與想法，甚至有可能做出很激烈的行為，而且不太輕易原諒傷害過他的人，或忘記使他受傷的事件。

由於被冥王星所守護，天蠍座骨子裡會帶有一種神秘感，對於生死、神秘學、古老神秘的東西或醫學、推理相關，他們都會非常感興趣，所以很多天蠍座可能喜歡算塔羅牌、看偵探小說等等。如果天蠍座要養毛小孩，勢必要一隻忠誠度夠高，但個性不要太懦弱的毛孩子，雖然只要被天蠍當作自己人，便會享受許多的愛與保護，但如果對方個性太懦弱，會讓天蠍座有種無力感。

✪ 適合的毛小孩星座：巨蟹座、處女座、天秤座、雙魚座

天蠍座毛爸媽 VS 白羊座毛小孩

🐾 你與你的毛小孩合得來嗎？

天蠍座毛爸媽與白羊座毛小孩，屬於火爆二人組，兩位的脾氣都不是太好，只是一個是明火，一個是暗火。天蠍座毛爸媽的個性較為極端，當你心情很好、不忙的時候，會對自己的毛孩子呵護倍至，就算牠犯錯也可以笑著收拾殘局。一旦忙起來或急起來，就算白羊座毛小孩沒做什麼，只是擋到路，天蠍座毛爸媽可能就會大發雷霆想把牠打一頓。由於個性兩極，對毛小孩相處及訓練方式也容易呈現兩極化，放任式的完全不管與權威式的一定要達到訓練的最終目標，否則不會放棄。白羊座毛小孩活潑、熱情，愛當領頭的牠不喜歡被壓制的感覺，當你突然發怒時，牠會覺得莫名其妙，也會啟動牠的反叛機制而失控，因此亮牙恐嚇或是直接咬自己爸媽的狀況都很有可能發生。

✪ 合得來指數：30%

🐾 你與毛小孩的相處建議

白羊座毛小孩不是不能訓練，但牠的注意力屬於「短時間集中型」，喜歡新鮮感與新的挑戰，如果毛爸媽想訓練牠、教他，不要連續訓練太長的時間，只要完成一小部分就要給予牠鼓勵，大力的稱讚或是給牠小點心，讓牠覺得很有成就感。當自己很忙或情緒不佳時，對牠犯錯的態度，也必須要與平常的反應相同，不要給予牠太極端的處罰或太兇狠的態度，否則白羊座毛小孩很難教得會，也容易因為害怕而失控反撲。

🐾 毛小孩有話要說

「對我的態度不要這麼極端好嗎？有時候我覺得你好溫柔、好疼我，有時候又對我好慘忍，你生氣起來對我的態度，就好像從來沒愛過我一樣！」

天蠍座毛爸媽VS金牛座毛小孩

你與你的毛小孩合得來嗎？

天蠍座毛爸媽與金牛座毛小孩的組合，是固執二人組。天蠍座對於自己設定的目標，總是有使命必達的決心，可以為目標做任何的改變與調整，但金牛座毛小孩完全相反，習慣養成之後如果還要改變牠會非常難以適應，甚至固執的不想改或生悶氣。當看到金牛座毛小孩不願意改變，反應、動作都那麼慢時，天蠍座毛爸媽會覺得牠很不聽話而對牠生氣，不太會去想到習慣適應的問題，使得金牛座毛小孩很沒安全感，覺得做什麼好像都不對。但天蠍座毛爸媽並非不愛自己的毛小孩，只是希望牠可以照著他們的指示去做，因為出發點是為牠好的。面對金牛座毛小孩，在磨合的過程中會很辛苦，磨合期也會很久，但當磨合成功，金牛座毛小孩就會非常好帶，因為牠已經習慣了這個模式，也不會亂搗蛋。

✪ 合得來指數：50%

你與毛小孩的相處建議

對待金牛座毛小孩，一定要有耐性，因為牠動作、反應都比較慢，適應力也有待加強，會給人笨重、遲鈍的感覺，但其實牠只是很習慣原本的模式，突然要改變是有難度的，就像一個人長久都沒習慣吃辣，一時要他去吃麻辣鍋，勢必會不舒服。所以請給牠一段適應的時間，在教牠的時候，表情不要太猙獰，讓牠感覺到有生存的威脅，而在教牠之前盡量不要讓金牛座毛小孩餓肚子，雖然狗狗挺耐餓的，但畢竟「吃」是金牛座毛小孩一生中認為最重要的事！

毛小孩有話要說

「希望你能夠一輩子都愛我，不要覺得我很笨，我只是比較慢而已，而且我會是一個很忠誠又很聽話的孩子。」

天蠍座毛爸媽 VS 雙子座毛小孩

🐾 你與你的毛小孩合得來嗎？

天蠍座毛爸媽與雙子座毛小孩，就是一個毛爸媽會覺得自己孩子很皮蛋，但不太想買帳的組合。雙子座毛小孩喜歡輕鬆、自在的生活模式，想做什麼就做什麼，想學什麼就學什麼，反正牠很聰明又學得很快，但這點天蠍座毛爸媽似乎比較難接受，權威式、斯巴達式的教育會認為「你就應該要服從」，愛歸愛，訓練歸訓練，那是兩回事，教好規矩在外面才不會丟臉。所以當毛小孩在訓練時一直不專心的時候，天蠍座毛爸媽就會很抓狂、生氣，或用極端的方式逼迫毛小孩一定要認真。這時候雙子座毛小孩就會更想擺爛：「反應幹嘛這麼激烈，我只是不專心，又不是不會。」

✪ 合得來指數：45%

🐾 你與毛小孩的相處建議

雙子座毛小孩不討厭學東西，學習力也很強，但牠喜歡輕鬆、有趣的學習環境，不想學一直重複的東西，所以天蠍座毛爸媽在教雙子座毛小孩時，可以盡量用較為輕鬆的語調跟表情，不要讓毛小孩覺得壓力很大。因為雙子座善於模仿，你可以做一次給牠看，或給牠看其他毛小孩這樣做（做你教他的動作），牠會模仿並想展現自己很聰明。

🐾 毛小孩有話要説

「放輕鬆一點，我喜歡學，但我不喜歡你用這麼壓力的方式訓練我。」

天蠍座毛爸媽 VS 巨蟹座毛小孩

🐾 你與你的毛小孩合得來嗎？

天蠍座毛爸媽與巨蟹座毛小孩，雖然你們一個比較難忘記過去不開心的事情（其實就是記仇），一個很容易翻舊帳，但這樣相似的情緒體會使你們產生同理心。同屬於水象星座的天蠍座、巨蟹座，都有著「吃軟不吃硬」的個性，當天蠍座毛爸媽生氣時，只要毛孩子不硬碰硬、用著很受教的表情或撒撒嬌，其實氣是消得很快的，雖然有時候巨蟹座毛小孩很情緒化，但只要你漸漸讓牠有安全感，知道你不會遺棄牠，你的巨蟹座毛小孩會非常愛你，也不太會有鬧情緒的行為發生。

✪ 合得來指數：80%

🐾 你與毛小孩的相處建議

天蠍座毛爸媽的情緒比較兩極，當你自己心情不好、在煩別的事情的時候，如果你的巨蟹座毛小孩又剛好有失常的情緒行為，你的反應可能會比較激烈。而巨蟹座毛小孩的情緒很敏感，當牠搗蛋完被你看到，空氣中凝結的氣氛，使牠可以馬上感受到「你要生氣了」。所以不要對牠有著太激烈的教導方式，生氣時先深呼吸 10 次，否則你生氣時激烈的言行容易造成巨蟹座毛小孩永久的心理創傷。

🐾 毛小孩有話要說

「希望你可以把我真正當做家人，不要一生氣就說你不要我，因為會讓我很難過、害怕，也會讓我生病。」

天蠍座毛爸媽 VS 獅子座毛小孩

你與你的毛小孩合得來嗎？

天蠍座毛爸媽與獅子座毛小孩都屬於固定型星座，你們在某個層面上一樣的固執。你會認為這個孩子很假鬼假怪，超級愛演戲的，自尊心強又愛指使人，甚至常常會想「到底誰才是主人啦！」，但其實你心裡很清楚，也曾經試過，對待獅子座毛小孩就是要順著牠的毛梳下來，牠覺得開心，就會變得很乖、很聽話，你心情好的時候的確願意這麼做。但當你心情不好，覺得煩躁時，你會認為牠「完全搞不清楚自己是誰」、「牠不是人類好嗎！」、「如果要這麼叛逆我絕對奉陪！」所以你會跟牠槓上、冷戰，看誰先低頭。

✪ 合得來指數：30%

你與毛小孩的相處建議

獅子座毛小孩的自尊心很強又愛面子，雖然有時候牠有點驕傲、囂張，又挺愛現的。但這些都是因為牠想要引人注目，贏得大家的讚美與鼓勵。所以請天蠍座毛爸媽在別人面前要顧及一下牠的自尊心，不要大庭廣眾下罵牠，或勉強牠做不喜歡的事情，這樣獅子座毛小孩會非常的感謝你。

毛小孩有話要說

「我們不要冷戰好嗎？我覺得你冷漠的時候好像把我當仇人，讓我覺得好丟臉好傷心。」

天蠍座毛爸媽 VS 處女座毛小孩

你與你的毛小孩合得來嗎？

天蠍座毛爸媽與處女座毛小孩的個性其實挺相似，你們都是求完美的星座，處女座害怕犯錯，所以會很用心，而天蠍座則是很兩極，要嘛就不做，如果做了就是要做到最好。所以當你的毛小孩無法達到你的要求時，你會很懊惱或是沒有耐性，會對牠發脾氣，使本身自我要求就很高的處女座毛小孩覺得沮喪與害怕，認為是不是因為牠現在犯的錯誤，你就不要牠了，不喜歡牠了，並出現焦慮的行為反應。

✪ 合得來指數：60%

你與毛小孩的相處建議

處女座善於沙盤演練，因為怕犯錯所以總是會有很多的前置作業，讓自己的心裡有準備，因此在教育處女座毛小孩的時候，要有一定的相處模式，不要因為你時好時壞的情緒使相處模式變來變去，會影響處女座毛小孩的認知，牠會不知道到底該如何做，要怎麼樣才是表現好、才是乖乖聽話。單調不變，能夠一再重複的訓練方式，對處女座毛小孩是最適合的，也可以讓牠有個習慣模式可以遵守。

毛小孩有話要說

「我覺得你好難懂，不知道你今天心情好不好，下一刻會不會又不開心，讓我很不知所措。」

天蠍座毛爸媽 VS 天秤座毛小孩

🐾 你與你的毛小孩合得來嗎？

天秤座毛小孩通常有著漂亮的外表，平易近人會 social 的個性，牠喜歡有伴，有時候牠會覺得自己就是要來陪伴你的，也因為牠親人，你會比較願意帶牠出去跟朋友聚會，這時候牠就會淋漓盡致的發揮 social 狗的實力，讓每個人都好喜歡牠。雖然朋友都喜歡牠很好，但佔有欲強天蠍座毛爸媽有時候會很沒安全感，覺得牠不會看人，一下子就被騙走了，自己是不是應該要教牠一些東西、訓練牠，不應該讓牠就像花瓶一樣，好像只能玩玩而已。

✪ 合得來指數：60%

🐾 你與毛小孩的相處建議

天秤座毛小孩喜歡和平，依賴性又強，喜歡自己漂亮，讓毛爸媽有面子，硬要說牠有什麼實質功能，其實天秤座毛小孩就真的是來陪伴毛爸媽的，牠不太適合看門或做工作犬，沒有什麼保家衛國的功效，大概比較偏向居家玩賞、陪伴的寵物狗吧！牠會是家裡的和事佬、開心果，讓每個成員都很愛牠，但如果要牠做能力以外的事情，牠的確會非常害怕。

🐾 毛小孩有話要說

「我知道我對你來說沒有很大的用處，但我就是很希望有我存在，你是開心的，這樣我就會覺得很快樂。」

天蠍座毛爸媽 VS 天蠍座毛小孩

你與你的毛小孩合得來嗎？

天蠍座毛爸媽與天蠍座毛小孩的組合，在旁人眼裡，你們兩個在一起會有很強大的氣場。你們彼此都知道對方是狠角色，既固執又兩極化，知道要怎麼讓對方更喜歡自己，但你們都屬於吃軟不吃硬的類型，如果有一方態度硬的像石頭，另一方也絕對不會軟下來，所以你家裡的人或朋友，常常看到「你在跟你的毛小孩冷戰。」，而且你們耐力都很足，跟對方耗上一整天都不是問題，但感情好的時候又很好，彼此都有很緊密的連結，所以也讓其他人挺傷腦筋的，想說你們究竟是怎樣啊！

✪ 合得來指數：30% & 80%

你與毛小孩的相處建議

兩個都是同星座，就不要相煎何太急了啦，有更適合的相處方式，只要你們找出一致的目標，例如你跟你的天蠍座毛小孩說，我們都要很乖健康，並一起對目標堅持，基本上你們會比較難吵架。當然，因為是天蠍座，所以也記得讓你的毛小孩深深感受到，在你身邊是有安全感的，可以很放心的信任你，你是愛牠的，如此一來，就可以避免很多行為問題的產生唷。

毛小孩有話要說

「希望你能懂我，知道我，我不只是你的毛小孩，我也是你的夥伴，你有什麼事情也都可以跟我說。」

天蠍座毛爸媽 VS 射手座毛小孩

你與你的毛小孩合得來嗎？

天蠍座毛爸媽個性比較固執，佔有欲、掌控性都挺強的，而射手座毛小孩，就是那個不喜歡被掌控且愛好自由的毛孩子，牠喜歡出去玩，在自由的空間裡奔跑，討厭被關著。只要有空且心情好，你很樂意每天帶牠出去，但你沒空的時候，就會希望牠乖乖的在家裡不要搗蛋，射手座毛小孩當然不依！於是就開始亂衝亂撞、毀壞東西，你會氣得把牠關起來，結果牠仍然具有冒險犯難的精神，自己突破萬難，雖然你們相處上還是你比較強勢，不過每天都得收拾殘局，跟牠玩人抓狗，其實你也挺累的。 **✪ 合得來指數：40%**

你與毛小孩的相處建議

其實射手座毛小孩要求不多，愛玩愛自由的牠，只是希望能夠接觸到大自然，不要都只能在室內，就算在室內也有自由活動的空間，所以如果在家裡，你可以給牠一定範圍的自由，在某個空間或整個家裡自由的走動，而在真正很危險或不能做的事情上，就可以給牠有著深刻的印象「不能做就是不能做！」，否則大膽的射手座毛小孩容易因為覺得理所當然、自我感覺良好而以身試法。

毛小孩有話要說

「保持一下幽默感，好好欣賞我的活力吧！幹嘛對我那麼凶！」

天蠍座毛爸媽 VS 摩羯座毛小孩

你與你的毛小孩合得來嗎？

天蠍座毛爸媽與摩羯座毛小孩，對於目標的訂定與完成，都非常有耐性，目標取向的你們一旦有了目標，便會下定決心、用意志力去完成。屬於土象星座的摩羯座毛小孩個性非常務實，如果眼前不是牠所要的狀態，牠會很現實的不理會，甚至直接離去，例如你要牠跟你握手，但是你並沒有拿食物或獎賞，摩羯座毛小孩就會很不給面子的走掉或不理你，導致有時候天蠍座毛爸媽會懷疑摩羯座毛小孩的忠誠度，因為牠實在太現實了。 **✪ 合得來指數：50%**

你與毛小孩的相處建議

因為個性很務實的關係，摩羯座毛小孩不喜歡學習「沒有意義」的事情，例如坐下、趴下、握手，讓牠覺得你好像在整牠，如果是學去廁所上廁所，這種平常會用到的，牠反而比較樂於學習。在學習效果上牠不會像風象星座這麼敏捷，摩羯座是需要經驗的，所以讓牠反覆練習，牠會做得越來越得心應手，也會越來越好。

毛小孩有話要說

「不要這麼情緒化，要成熟一點，這樣我的陪伴才是有意義的。」

天蠍座毛爸媽 VS 寶瓶座毛小孩

你與你的毛小孩合得來嗎？

天蠍座毛爸媽與寶瓶座毛小孩的組合是「互相不給面子」的組合，天蠍座喜愛掌控，是非常有力量的權威型星座，寶瓶座則是要講清楚、說明白，需要事先溝通的思想開放型星座，而且特別反骨，牠當然知道天蠍座毛爸媽不能惹，但牠就是不喜歡比較逼迫與限制的對待。平常相處上你們可以各自做自己的事情不會打擾對方，一旦你想要叫牠做什麼，牠不照做，你便會生氣的逼迫牠，而牠若無其事、漠不關心的樣子讓你更加生氣。

✪ 合得來指數：30%

你與毛小孩的相處建議

對待寶瓶座毛小孩，不適合用硬逼、壓迫與強制的方式，不要在你有情緒的時候教他，否則牠會漠視你對他的訓練，表現出很不在意的樣子，冷冷的走開不理你，讓你更憤怒。試著去瞭解牠喜歡什麼、對什麼有興趣，這樣你們相處的會越來越好。

毛小孩有話要說

「我就栽在你手上，我也認了，希望你能給我一點自由的空氣讓我呼吸。」

天蠍座毛爸媽 VS 雙魚座毛小孩

你與你的毛小孩合得來嗎？

天蠍座毛爸媽與雙魚座毛小孩，是一個很棒的組合，天蠍座雖然有時候挺權威的，對自己人卻非常好。雙魚座雖然怕兇、膽小，但聽話、善解人意又懂得撒嬌，對吃軟不吃硬的天蠍來說，其實挺拿牠沒辦法的。有時候天蠍座毛爸媽會對雙魚座毛小孩有種無力感，覺得牠膽子真的太小，不知道該怎麼讓牠變得自信與獨立。而且如果家裡有其他毛小孩，因為怕被罵，雙魚座毛小孩如果做錯事會裝無辜，不會承認，讓天蠍座毛爸媽覺得好氣又好笑。

✪ 合得來指數：90%

你與毛小孩的相處建議

雙魚座毛小孩似乎天生就要來被疼愛的，柔弱又膽小的個性有時候實在是讓人罵不太下去，好在牠很乖，只要溫柔的教他，通常都會按你說的做，也會乖乖聽話，所以不要對牠兇，不然牠就會躲起來或夾著尾巴跑了。

毛小孩有話要說

「要好好保護我，不要叫我跟別人打架，我喜歡黏你，不要趕走我。」

射手座毛爸媽

射手座是 12 星座中最樂天的星座，很少會為一件事煩心很久，心情不好或遇到挫折，他們通常哭一哭、睡一覺、去外面散散心就會好轉，明天起來又是新的一天，並覺得「關關難過關關過」、「下一個會更好」。他們的生活很有目標、想得很遠，常常會自己訂定想要實現的夢想，希望可以完成，所以射手座也有「理想主義者」之稱。射手座可愛、單純、精力旺盛且喜歡冒險，對於要嘗試新的東西，他們會很期待，就像隔天要去遠足的小孩子一樣興奮，但對於重複或自己沒有興趣的人事物，他們也是非常沒有耐性。射手座適應力很好且喜歡學習，特別是對國外的人事物，許多射手座的人都會想要出國看看、打工度假、留學等，或本身就旅居各地，學習不同國家的國情、文化、語言，看看那裡的風景，嚐嚐當地的食物。

在團體中，射手座很陽光直率不做作，常常會幫大家出意見，這也使他們成為團體中不可或缺的角色。射手座說話直來直往，想到什麼就說什麼，不太會拐彎抹角，對於他贊成的事情，他會希望大家立即去實行，但如果他不贊成，意見也是挺多的，而且有時候射手座比較粗線條，不會去在意其他人的想法，認為「對就是對，錯就是錯」，何況又是出了名愛辯論的星座，雖然對於不同意見的聲音他樂於聽取，但也馬上會反駁回去，有著得理不饒人狀況。射手座的人脾氣通常不太好，容易沒耐性，特別是他們覺得麻煩、被限制，或「明明自己是對的，卻要讓對方、配合對方」的時候，他可能會大發雷霆叫對方「滾」、摔東西、踹門，或持續開罵直到對方承認錯誤並道歉為止。

射手座喜歡旅行，特別是到大自然呼吸新鮮空氣。對於自己喜歡的人事物，他們會非常狂熱並能夠持續很久。如果射手座要養毛小孩，勢必要找一隻他很喜歡的，而不是別人幫他決定，毛小孩的精力要跟他一樣旺盛，不用花很多時間去打扮、取悅，也不可以太黏他，否則射手座會因為被限制自由而覺得很煩。

✪ 適合的毛小孩星座：白羊座、雙子座、獅子座、天秤座、射手座、寶瓶座

射手座毛爸媽VS白羊座毛小孩

🐾 你與你的毛小孩合得來嗎？

射手座毛爸媽與白羊座毛小孩，是超級有活力的組合，你們兩個都有著旺盛到不行的精力與行動力，熱情洋溢的表達方式，樂天陽光的個性，喜歡走出戶外、冒險，不想被限制，也都挺沒耐性的，不過白羊座毛小孩的電力倒是沒有你那麼足，牠比較三分鐘熱度。只要你有空，會很願意常常會帶牠到處去玩、去旅行，但你也會希望在你要出門時（沒有帶牠），牠可以不要來找你麻煩，否則你會覺得超級不自由而大發雷霆。

✪ 合得來指數：80%

🐾 你與毛小孩的相處建議

你們相處起來多半都很開心，但當你不在家，家裡只有牠一個狗時，搗蛋時間就來臨了，所以得讓白羊座毛小孩學習獨立，把該有的習慣學好，不要再增加射手座毛爸媽的額外負擔，例如出去跑跑就把該排的排掉，到家就不要再胡亂上廁所了。而教導的方式，因為白羊座毛小孩重視新鮮感，所以教導時間不適合太長，可以每次都用不同的零食或玩具吸引牠的注意。

🐾 毛小孩有話要説

「當你陪我玩的時候，我都可以玩得很盡興，但當你沒有空的時候，會覺得我很煩，叫我走開，可是我不曉得『沒空』是什麼意思！」

射手座毛爸媽 VS 金牛座毛小孩

你與你的毛小孩合得來嗎？

你遇上你的金牛座毛小孩，就像急驚風遇上慢郎中，你可能會常常覺得你的金牛座毛小孩很難動起來，其實牠不是不動，只是動得比較慢。你常常會想往外跑，去大自然呼吸新鮮空氣，或只要不待在室內都好，很居家的金牛座毛小孩通常都興趣缺缺，寧願在家裡放空也不願意跟你出去走跳跳，窩在牠舒服的窩裡好好睡覺牠反而比較樂意，但如果你是要出去吃飯，牠會挺有興趣的。

✪ 合得來指數：45%

你與毛小孩的相處建議

金牛座毛小孩的生活步調比較慢，不管是學習或適應上都需要一些時間，所以在教導牠或相處上不要太沒耐性，請等牠消化完吧！一旦教會了牠好的習慣，牠便能持續很久，當然，你就不要再任意改變習慣了。金牛座毛小孩的適應力比較不好，在陌生環境中容易水土不服，如果你真的要去旅行，還是先跟牠說一聲，讓牠去寵物旅館度度假，避免舟車勞頓吧。

毛小孩有話要說

「不要對我咆哮，尤其是你沒有耐心教我的時候，會讓我很害怕、沒有安全感，很怕你會踢我。」

射手座毛爸媽 VS 雙子座毛小孩

你與你的毛小孩合得來嗎？

射手座毛爸媽與雙子座毛小孩，是好奇、新鮮的不錯組合，你們愛玩，不排斥新的環境與人事物。雙子座毛小孩很願意跟你一起出門，但比起自然環境，牠反而更喜歡與其他生物交流，你也許會常常帶牠跟朋友出去玩，一開始牠會有些緊張，但很快就會跟你的朋友打成一片。你們一樣都喜歡學習，不過雙子座有時候挺難專心的，在學習的過程中，牠很容易被外來的事物吸引，像是放在旁邊的食物、環境裡的各種聲音、會動來動去的物體，都容易使牠分心。

✪ 合得來指數：60%

你與毛小孩的相處建議

雙子座毛小孩很聰明，基本上對牠不需要太兇，但一定要有原則，而且這個原則不可以任意改變。雙子座毛小孩的專心度也有待加強，雖然學習力佳但容易分心，這時射手座毛爸媽就會覺得又要重複教很煩，而雙子座又不耐煩聽一直重複的東西，覺得不好玩。所以射手座毛爸媽別怕麻煩，當牠分心時，用一些有趣的玩具引回牠的注意力吧。

毛小孩有話要說

「我覺得你很忽冷忽熱，有時候我們玩得很開心，有時候你又會展現的很煩很沒耐性，然後就不玩了，讓我覺得很掃興。」

射手座毛爸媽 VS 巨蟹座毛小孩

你與你的毛小孩合得來嗎？

射手座毛爸媽很樂觀，喜歡出門玩樂、旅行，而巨蟹座毛小孩個性恰好相反。一開始你還會想帶牠出去走走，久而久之發現牠懶洋洋的朝你撒撒嬌，要你摸一摸牠，便又走回自己窩裡呆著了，之後你要出門，可能也就是跟牠講一聲，或是幫牠窩裡鋪個舒服的墊子，要牠乖乖的。巨蟹座毛小孩常常鬧情緒，特別是你出去很久才回家，因為牠擔心你出去了，是不是就不回來？是不是就不要牠了？一開始你還會緊張牠到底怎麼了，到後來其實覺得挺麻煩的，牠怎麼一天到晚都有情緒。

✪ 合得來指數：40%

你與毛小孩的相處建議

巨蟹座毛小孩很重視安全感，喜歡家的感覺，如果想要教導牠，必須讓牠先感受到你把牠當成家人，讓牠將防衛心放下，對你教導的事項，牠比較能有所感覺，因為巨蟹座毛小孩其實不笨，只是自我保護性強而已，只要覺得你是愛牠的、善意的，通常牠都很好教。

毛小孩有話要說

「我的世界只有你們，而你們的世界卻不是只有我一個，所以我很害怕你們會不要我。」

射手座毛爸媽 VS 獅子座毛小孩

你與你的毛小孩合得來嗎？

射手座毛爸媽與獅子座毛小孩，都屬於熱情洋溢、行動派的火象星座，你們都有旺盛的精力，對於表達自己的想法也同樣很直接不喜歡繞圈子。不過你的獅子座毛小孩似乎比你還覺得自己更像人類，甚至還是個王子或是公主呢，所以牠會很享受享受眾人的目光，贏得「好棒、好帥、好漂亮」的稱讚，活潑外向，且特別愛出風頭要大家都看牠，好險射手座的你不是要走太低調的路線，否則有這麼一個可愛又搞笑的獅子座毛小孩在身邊，你一定低調不起來啦！

✪ 合得來指數：75%

你與毛小孩的相處建議

獅子座毛小孩很就像貴族一樣，是不適合用權威式教育的，打牠、罵牠只會讓牠覺得你EQ很差，若是講了什麼傷牠自尊心的話，牠便會大發雷霆，拒絕再聽從任何指示。對待獅子座毛小孩，要讓牠知道，現在教牠的這些，之後是要現出來給眾人看的，如此一來，有榮譽感的牠就會很努力想學好，以便表現給大家看，贏得稱讚與掌聲。

毛小孩有話要說

「做我的朋友就好了，不要用著父母的姿態來跟我相處，這樣我會很快樂。」

射手座毛爸媽 VS 處女座毛小孩

🐾 你與你的毛小孩合得來嗎？

當勇敢、直接，大而化之的射手座爸媽，遇上小心謹慎，容易緊張焦慮的處女座毛小孩，真的很像來自不同星球的生物碰在一起耶！你會覺得牠怎麼那麼緊張，那麼小心、那麼ㄍㄧㄥ，可以放開一點嗎？外面的世界沒那麼可怕吧（一直想要帶牠出去見世面），你的處女座毛小孩可一點也不想跟你出去趴趴走，特別是在牠沒有心理準備的情況下，覺得自己在家裡面玩玩具，啃啃起司棒就好了，不一定要接受眾人目光的洗禮，不過如果是去整理儀容，牠可能會比較願意啦，但是一定得先告知牠才行。

✪ 合得來指數：30%

🐾 你與毛小孩的相處建議

處女座毛小孩的個性很小心翼翼，害怕犯錯的牠，對什麼事情都需要有心理準備，如果要去哪裡玩，或要幫牠換飼料、換環境，你可能前一星期就要跟牠說，給牠消化的時間，也可以避免之後容易不適應而造成的行為問題，所以不要怕麻煩，你要出去、要做什麼，都可以先跟牠說一聲，牠絕對不會覺得煩的。

🐾 毛小孩有話要說

「我希望你可以不要講話太直接的責罵或取笑我，特別是當我犯錯的時候，我也會害怕，覺得我不夠好。」

射手座毛爸媽VS天秤座毛小孩

你與你的毛小孩合得來嗎？

你和你的天秤座毛小孩有個共同點，你們都喜歡與人相處，喜歡與人交朋友。射手座的你在某些時刻膽子挺大的，不拘小節的個性讓你不會太在意一些枝枝角角（台語），舒適自然最重要，你喜歡從事挑戰極限、動腦動全身的活動。不過你的天秤座毛小孩可不是那麼想，牠比較在意自己的外表漂不漂亮、有沒有氣質、身段好不好看，大家喜不喜歡牠，如果你是要去運動、爬山，牠寧願你不要帶牠，但如果是去吃飯、逛街，找朋友聊天，牠倒是很樂意跟著去。

✪ 合得來指數：60%

你與毛小孩的相處建議

天秤座毛小孩比較懶，體力好像也沒那麼足，比起要運動，天秤座毛小孩更喜歡與人交流、互動，所以射手毛爸媽在訓練天秤座毛小孩的時候，盡量能夠讓牠感覺到不會太吃力不討好，不要太高難度，太費體力的動作，這樣牠也比較樂意完成。

毛小孩有話要說

「希望我們保持友好的關係，不要勉強我去一些讓我覺得會弄得很髒的地方，我也不喜歡太兇猛的毛小孩。」

射手座毛爸媽 VS 天蠍座毛小孩

🐾 你與你的毛小孩合得來嗎？

其實射手座毛爸媽與天蠍座毛小孩要一直相處在一起，可能會有些困難，射手座是一個很單純、直白的星座，說話單刀直入，不管開心或不開心，都會很立即的表現出來讓別人感受到。你的天蠍座毛小孩則是喜怒不形於色，牠不會立即展現自己的情緒及意圖，或給你任何回應，讓你完全沒有頭緒該怎麼跟牠相處，或牠到底想要幹嘛，但牠其實都偷偷的在觀察你，看看你到底多厲害，EQ好不好（所以牠可能會做一些惹怒你的事情），到底值不值得牠信服。

✪ 合得來指數：30%

🐾 你與毛小孩的相處建議

訓練天蠍座毛小孩，如果你常常不耐煩、對牠生氣、大吼大叫的話牠可能會覺得你就僅僅如此，沒別的方式訓練牠了，甚至有點鄙視你。對待天蠍座，必須要讓牠覺得你是有力量的，在相處上不要一直發脾氣，而是要有方法，只要讓牠願意臣服於你，牠便會非常忠誠及聽話。

🐾 毛小孩有話要說

「要取得我對你的信任，以及讓我可以臣服於你，讓我覺得你是重視我的，我便全力配合你所要。」

射手座毛爸媽 VS 射手座毛小孩

你與你的毛小孩合得來嗎？

這是一個兩位都會很 high 的組合，一旦玩起來，就像兩隻毛小孩一樣既放得開又瘋狂，射手座毛小孩是你做任何事情的好夥伴，幾乎你要做什麼，牠都會很興奮的搖尾巴說好，不會拒絕。當你們一起出門時，旁人會看到兩匹脫韁的野馬，說有多高興就有多高興。不過既然個性相同，你們的脾氣當然也相似，當牠做錯事情被你發現時，牠甚至會先發制人，做賊喊抓賊，先大聲就贏了，跟你大吵一架（其實連吵架好像都有點好笑）。✪ **合得來指數：85%**

你與毛小孩的相處建議

射手座不管幾歲都會像個大孩子，對生活充滿期待，害怕麻煩複雜的人事物，生活很隨性也很做自己，你當然可以這樣，但射手座毛小孩不行，因為牠的自律性還是有待加強，如果你真的很怕麻煩，建議你可以找專業的馴犬師，你輕鬆，牠也可以成功學習。如果沒有準備請馴犬師，要讓射手座毛小孩知道，你們有固定的外出活動時間，讓牠又可以玩又可排，不可以在家裡胡亂大小便。

毛小孩有話要說

「我的世界只有你最懂，所以只要陪我玩，讓我知道有目標去完成就好了。」

射手座毛爸媽 VS 摩羯座毛小孩

你與你的毛小孩合得來嗎？

基本上射手座跟摩羯座就像一個風一個土，風在天上飛，吹到世界各地，土則是與大地相連，穩紮穩打在地上。射手座毛爸媽既活潑又外向，覺得世界很美好，你常常笑，不太會擔憂未來，今日事今日畢，但明天的事情明天再解決就好，是新的挑戰與開始，就算是工作，你也可以找到自己的樂趣。對認真嚴肅摩羯座毛小孩來說，凡事要多深思熟慮，所以牠的表情總是很難放得開。你們可能玩不太起來，因為本來就很認真過生活的牠，覺得玩樂一直都不是生活的重點，牠比較重視守本分。

✪ 合得來指數：30%

你與毛小孩的相處建議

個性較為老實、一板一眼的摩羯座毛小孩，在跟牠相處上，如果想叫牠做什麼，盡量一個口令一個動作，不要跳得太快。摩羯座需要經驗，所以如果你教了他什麼，同一個目標上，盡量多給予牠經驗的累積，請多點耐性，只要熟練了，摩羯座毛小孩是可以做得很好的。

毛小孩有話要說

「我會扮演好陪伴的責任，也會完成你要我完成的訓練，但是不要隨便玩笑訓練我做沒有用的事情。」

射手座毛爸媽 VS 寶瓶座毛小孩

你與你的毛小孩合得來嗎？

射手座是行動的自由空間，寶瓶座是精神性的自由空間。熱情洋溢的射手座，對每個牠有興趣、牠所重視的人，其實都很願意表達自己的真感情，像是一個擁抱、一個 Kiss，這對你來說稀鬆平常，就跟吃飯睡覺一樣。不過如果你這樣對寶瓶座毛小孩，牠可能會嚇得逃之夭夭，因為牠不喜歡隨便被人家抱。好在你們兩個都有著嚮往自由，不喜歡被束縛的個性，當然牠比你更愛些，所以你也不太會逼牠做牠不喜歡的事情，這點寶瓶座毛小孩倒是挺喜歡跟你相處的。

✪ 合得來指數：80%

你與毛小孩的相處建議

寶瓶座是一個很懂得自己要做什麼的星座，牠跟你一樣的怕麻煩，一樣的不喜歡被約束，你只需要把醜話先說在前頭，剩下的牠就會自己去咀嚼。對寶瓶座毛小孩的教育上，不適合用威權的方式，可以用平等、夥伴的關係來跟牠相處，讓牠感覺到你與牠志同道合，會比較好訓練牠。

毛小孩有話要說

「做我的朋友，不要做我的父母，希望你可以知道我、懂我，跟我一起做喜歡的事情，會讓我感覺到很開心」

射手座毛爸媽 VS 雙魚座毛小孩

你與你的毛小孩合得來嗎？

這是一個會讓毛小孩認命的組合，身為酷愛冒險的火之子民，射手座毛爸媽不但怕麻煩，更害怕壓力與包袱，你會希望你的毛小孩是勇敢、大膽的，可以跟你一起去冒險犯難，到處旅行。然而雙魚座毛小孩並沒有這樣的個性與體質，容易過敏與生病的牠，不太能去塵土飛揚或有許多跳蚤、昆蟲的草地，就算去附近的公園散步，走人行道會比較適合牠，如果看到其他毛小孩，還必須要馬上把牠帶離，因為膽小又善良的雙魚座毛小孩，是很容易被人家欺負的。

✪ 合得來指數：30%

你與毛小孩的相處建議

其實雙魚座毛小孩很乖巧，牠的配合度非常高，你要牠做什麼牠幾乎不會反駁你或唱反調，只是牠比其他星座的毛小孩更需要愛與陪伴，會比較黏一些，所以不要一下把牠放在陌生的地方或人多狗多的環境，牠會害怕，你可以帶牠去跟朋友相聚，但最好不要讓牠離你太遠。而牠的來到，也是為了讓你學習如何享受撒嬌陪伴不嫌煩。

毛小孩有話要說

「我會盡量讓爸爸媽媽覺得我很厲害、很勇敢，因為我很愛爸爸媽媽。」

摩羯座毛爸媽

摩羯座是 12 星座中最成熟穩重的星座，他們的心智年齡通常都比實際年齡更長，年紀輕輕就會有不符合當時年齡的思考方式，所以小時候常常會被說很操老（台語），但隨著年紀增長，摩羯座反而不會那麼嚴肅、緊繃，也有變年輕的趨勢。他們的個性很古意，不會投機取巧，因為重視根基，不管是學習或是工作，都很願意從基層做起，再慢慢越學越多、越往上爬。身為土象星座的一員，摩羯座的反應力沒有像風象與火象星座那麼好，通常沒辦法學一次就會，需要經過一而再，再而三的演練，熟能生巧，最終才會慢慢趨近完美。通常，只要是自己認為有意義的事情，摩羯座很少放棄，有責任感的他們認為做事情要有始有終，但如果覺得沒意義，較為現實的摩羯說不做就是不做，或是一邊做一邊思想糾結，覺得自己正在浪費生命。

在團體中，摩羯座通常不期望被注意，他們不會是裡面那些活潑、能夠帶動氣氛的人，也不會是問題人物。懂得尊師重道的摩羯座會很尊敬老師與團體裡較為資深、年紀較大的前輩，所以常常給人品性很好的印象，就算成績不出眾，也並不會招到老師、長輩的討厭，不過最後的成功人士裡面，總是會令大家跌破眼鏡的有摩羯座的名字出現。對摩羯座來說，非工作需要，他們其實不會想講太多話，也不太輕易去表達自己，因為「做比說來得更實際」，講些他們認為無意義的屁話，不如多做點事還比較能有效運用時間，所以他們會很省字，也常常被人誤解意思。摩羯座不太常生氣，除非一直被勉強做一些沒有意義的事，或在專注時一直被打擾，他們才會因為不耐煩而發脾氣。

摩羯座喜歡把時間花在有意義、能夠有實質報酬的人事物上，所以很多摩羯座幾乎都是工作狂。雖然沒有很多時間陪伴，但如果摩羯座想養毛小孩，他們會一肩扛起照顧毛孩子的責任，減少非必要應酬、早點回家等等。摩羯座的毛小孩並不適合太頑皮、太會搗蛋、或常生病的類型；乖巧聽話、忠心守規矩的毛小孩，最合他的意。

✪ 適合的毛小孩星座：金牛座、處女座、天蠍座、摩羯座、雙魚座

摩羯座毛爸媽VS白羊座毛小孩

你與你的毛小孩合得來嗎？

摩羯座毛爸媽既嚴肅又有責任感，做每件事情都會堅持到底，把事情做個圓滿的結束。你的白羊座毛小孩比較三分鐘熱度，雖然牠爆發力特強，那僅限於在短期完成的事情或競賽，例如比賽跑步。白羊座毛小孩喜歡新鮮感，有點任性的牠會隨自己心意做事，不太經大腦，膽子超大，想吃什麼就吃什麼，想玩什麼就玩什麼。有時候你會被牠的可愛所感染，陪牠玩一下下，但當你工作的時候，你會希望牠安靜的在旁邊陪伴你就好。✪ **合得來指數：30%**

你與毛小孩的相處建議

對白羊座毛小孩來說，消耗大量的精力非常重要，否則牠就會在家裡搗蛋，東破壞西破壞，直到牠電力用完為止，建議你再忙，每天還是要固定帶牠去散個步，讓牠呼吸新鮮空氣。對待白羊座毛小孩，不需要用太過度嚴肅與刻板的方式，因為牠是你的毛小孩，是來讓你開心、放鬆的，並不是緝毒犬或軍用犬，所以多陪牠玩一下，你自己也可以紓壓唷！

毛小孩有話要說

「我覺得我好像軍中的狗，你訓練我的方式和跟我相處的方式，都讓我覺得自己要像個人，可是有時候也要陪我玩啊！」

摩羯座毛爸媽 VS 金牛座毛小孩

你與你的毛小孩合得來嗎？

你們是很契合的夥伴，摩羯座與金牛座都屬於土象星座，是需要思考過後再行動的考慮型老實派（講得好像某種食物的名字），你們都很務實，不會做些天馬行空的夢或去規劃離自己太遠的目標，你不會承諾牠你沒能力做到的事，也不會隨便亂開支票，這點使金牛座毛小孩很安心，雖然牠很容易沒安全感，但牠知道你是有責任感的人，你會回家，你不會把牠丟下，牠便可以安心的等著你。

✪ 合得來指數：80%

你與毛小孩的相處建議

金牛座毛小孩要得不多，一個舒適安全的環境，每天每餐都吃飽飽（當然要好吃才行），牠不太會給摩羯座毛爸媽帶來什麼麻煩，願意一直用陪伴的方式，包容爸媽的忙碌。你可以訓練牠，但必須要讓牠漸漸養成習慣，相信你是有耐性的，在工作之餘也要多抱抱牠，不要讓牠覺得你忘記牠了。

毛小孩有話要說

「我喜歡讓自己覺得有用，也很喜歡爸爸＆媽媽對我的教導，也給我一個很有紀律的家，所以我會好好的陪伴你。」

摩羯座毛爸媽VS雙子座毛小孩

你與你的毛小孩合得來嗎？

走務實路線的摩羯座毛爸媽，做事態度認真並且貫徹始終，或許你不是那麼聰明及靈活，但你總是會盡全力好好的完成每件事情。你的雙子座毛小孩很聰明，反應靈敏，但也容易三心二意，讓摩羯座毛爸媽很受不了。不過雙子座毛小孩挺懂得看臉色的，牠通常都會知道你正在忙，會自個兒找事情，玩自己的，不會搗蛋惹你生氣。然而牠有時候會對聲音很敏感，聽到門外有人走過、外面的車聲，都會突然狂吠，常常嚇到你、讓你生氣，畢竟人在很專注的狀態中容易受驚啊！

✪ 合得來指數：30%

你與毛小孩的相處建議

雙子座毛小孩很聰明，反應快又懂得看臉色，學習力也很強，但牠容易覺得無聊，喜歡學習有變化的新東西，並在輕鬆的氣氛下學習，建議摩羯座爸媽在教雙子座毛小孩時，可以輪流做不同的教學，不要一直都教同一種，牠會覺得很無趣而學不下去。在學習氣氛上，也盡量輕鬆一點，就好像在遊戲一樣。

毛小孩有話要說

「我覺得壓力好大喔，生活變得非常的枯燥無味，可不可以不要這麼嚴格，設計一些比較輕鬆的訓練方式，適合我能力學習的。」

摩羯座毛爸媽 VS 巨蟹座毛小孩

你與你的毛小孩合得來嗎？

認真負責的摩羯座毛爸媽，常常被人認為有點工作狂的傾向，就算心情不好、生病還是會以工作為重，把情緒與不舒服放在心中，長久下來，容易使得自己有抑鬱及悲觀的狀態。巨蟹座毛小孩對情緒非常敏感，當你情緒不好時，就算你們分隔兩地，牠也會馬上察覺，並受到影響。所以如果你發現了你的巨蟹座毛小孩最近情緒的起伏似乎特別大，也許你最近也內化了許多情緒及壓力，要適當的發洩出來（你可以跟你的毛小孩傾訴，牠懂的），否則會生病唷。

✪ 合得來指數：50%

你與毛小孩的相處建議

摩羯座爸媽很重視工作，可能常常加班、出差等等，就算真的可以回家，可能也會把工作上的事務帶回家，而你在工作時表情是很嚴肅的，因此回家的時候，臉也特別緊繃，此時你的巨蟹座毛小孩就會很不安，怕你是不是又心情不好。所以下班回家時，轉換一下心情跟表情，看到你的毛孩子，不管心情好不好，工作壓力大不大，給牠一個微笑吧，抱抱牠也好，牠很愛你的。

毛小孩有話要說

「爸爸＆媽媽，你知道你回來，我都會一直在看你的臉色，讓我情緒上很起伏，很擔心。」

摩羯座毛爸媽 VS 獅子座毛小孩

🐾 你與你的毛小孩合得來嗎？

摩羯座的毛爸媽很嚴肅，特別是在忙或工作時更不會有笑容，個性認真、負責又正經，在待人處事上也有一定的規則，不會任意改變與通融。相較於你，獅子座毛小孩就顯得非常可愛，既愛耍寶又是戲精，就算愛面子、喜歡指揮人，還是讓人覺得牠很好玩。當你沒在忙的時候，你的確很樂意陪牠玩、看牠耍寶，或訓練一下牠，一旦你有事要做，根本無暇顧及旁邊到底有誰或對方在做什麼，這點獅子座毛小孩是完全不能接受的。

✪ 合得來指數：40%

🐾 你與毛小孩的相處建議

其實獅子座毛小孩要的不多，一聲稱讚，還有將目光放在牠身上多一些就好了，偏偏這些都是摩羯座有點難做到的，因為你一次只能專注在一件事上，在工作時就無法把思緒抽出來陪牠，而你對情感的表達又比較壓抑，頂多點點頭，覺得牠做得很好。不忙時，花些時間好好跟你的毛小孩玩樂、多多稱讚牠吧，也當作是自己的放鬆調劑！

🐾 毛小孩有話要說

「爸爸＆媽媽，你可不可以給我多一點讚美，不要只是點頭說好，這樣子我心情會很好，會讓你覺得更有面子，我自己也會覺得很棒。」

摩羯座毛爸媽 VS 處女座毛小孩

你與你的毛小孩合得來嗎？

摩羯座毛爸媽與處女座毛小孩，是個不錯的生活組合。你們的個性很相似，都走務實路線，看得比較生活層面，不需要太多感情性的表達，不會有太多浪漫或天馬行空的想法。處女座毛小孩既懂得自律又獨立，牠有自己的生活作息與規律，所以不用擔心你不在家，牠會不會沒辦法生存（當然必須幫牠準備食物跟水），反而是不要因為你的作息而打亂牠。

✪ 合得來指數：70%

你與毛小孩的相處建議

處女座毛小孩很乖，對於毛爸媽的要求都會樂於完成，當然也要給牠心理準備的時間，牠會很認真做好，不會耍賴或擺爛。處女座毛小孩有時挺挑剔的，會希望有營養的食物及乾淨的飲水、環境，還有正常的作息，所以記得要定時打掃房子與每天固定時間餵牠，如果你時間無法固定，買個自動餵食器也是不錯的選擇。

毛小孩有話要說

「雖然我覺得有時候你要我做的事情似乎想太多了，可是我知道，這一定是會對我有所幫助的，所以我還是會很認真的去完成它。」

摩羯座毛爸媽VS天秤座毛小孩

你與你的毛小孩合得來嗎？

當摩羯座毛爸媽遇上天秤座毛小孩，天秤座毛小孩大概會覺得些許無聊。摩羯座非常有責任感，就算很忙，仍然記得自己有毛小孩這件事，所有的飲食、生活用品，一切該負的責任，你都會很盡心盡力的完成。但如果要你額外撥出較長的時間帶牠出去玩，或是親自幫牠洗澡、美容，打扮的漂漂亮亮，讓牠認識新朋友，對很忙碌的摩羯座來說有點困難，也覺得不太必要，除非要出遠門，才會讓牠去寵物旅館度度假，或拜託朋友、家人照顧，讓牠感受一下不同環境的氣場。

✪ 合得來指數：30%

你與毛小孩的相處建議

天秤座毛小孩最喜歡的事情就是打扮漂漂亮亮，有時候你會覺得牠很有人性，有自己的審美觀與品味。牠也喜歡與人交流，出去逛逛認識不同的朋友，社交對天秤座來說非常重要。雖然牠不太會有嚴重的行為問題（除非牠心裡嚴重的不平衡），但有時候牠會感嘆自己的狗生就這樣平淡的過了，如果你有空，還是帶牠出去走走，幫牠打扮一下，去參加朋友的聚會吧，牠會很開心的。

毛小孩有話要說

「我瞭解到，爸爸&媽媽給予我的觀念上，是我該做好狗狗該做的本分，讓我感覺到生活上就是做好自己的事情。」

摩羯座毛爸媽 VS 天蠍座毛小孩

你與你的毛小孩合得來嗎？

摩羯座毛爸媽與天蠍座毛小孩的組合，是一個挺穩定的組合。天蠍座毛小孩看似難搞、不太輕易聽話，但只要讓對方讓牠覺得有實力且能信任，天蠍座會變得非常配合對方，既乖順、聽話又好帶。摩羯座毛爸媽雖然工作忙，不過因為深具責任感，覺得既然養了毛孩子，就要好好的對待，就算自己再累，回到家第一件事也是先去看毛小孩的狀況，儘管無法常常帶天蠍座毛小孩出去，但看心裡不看表面的天蠍座毛小孩，是可以感受到你非常重視牠且愛牠的。

✪ 合得來指數：70%

你與毛小孩的相處建議

對待天蠍座毛小孩，不需要用傳統的權威式，牠雖然一開始不會馬上動作，但牠不是笨，牠心裡其實正在揣摩你給的指令及咀嚼你跟牠說的話。你唯一要做的，就是打開牠的心房，讓牠知道你是很愛牠、是為牠好的，如此一來，天蠍座毛小孩會全心信任。此外也要注意讓牠多喝水，不要有憋尿的習慣，否則膀胱容易出問題，但不需對牠太過焦慮。

毛小孩有話要說

「不要太擔心我的身體，只要你快樂，我就會過得很好。」

摩羯座毛爸媽 VS 射手座毛小孩

你與你的毛小孩合得來嗎？

當射手座的毛小孩遇上摩羯座的毛爸媽，正經、嚴肅、有規範的生活有時候可能會讓牠難以適應，甚至有點小鬱卒。認真工作的摩羯座，通常會長時間不在家，就算在家工作，出去的時間比較少，除非有出差需要，但出差無法帶著毛小孩一起去，所以射手座毛小孩在家裡的時間會很長，有時候真的忍不住了，就會很想作怪，留了一堆殘局給摩羯座毛爸媽收拾。當你很忙，自己的毛小孩又一直不乖，可是你沒時間教牠，此時只能限制活動範圍，或送去給馴犬師訓練，而這樣太有紀律的生活，當然讓射手座毛小孩無法適應。

✪ 合得來指數：30%

你與毛小孩的相處建議

射手座毛小孩需要陽光，定時發洩精力、曬曬太陽，可以避免老化，也讓牠身體更好，且不會一直亂搗蛋，所以摩羯座毛爸媽不管再忙，建議還是要安排時間帶射手座毛小孩出去跑跑、上廁所，如此一來，就算你長時間不在家，牠也會因為已經出去過，稍稍滿足了，比較不會做出很脫序的搗蛋行為。

毛小孩有話要說

「我都快變老狗了，我覺得我好像軍用犬喔，都要完成什麼才會帶我出去放風。」

摩羯座毛爸媽 VS 摩羯座毛小孩

🐾 你與你的毛小孩合得來嗎？

當摩羯座毛爸媽遇到摩羯座毛小孩，這是一個挺務實且生活化的組合，你們做事都很認真、富有責任感且很實際，不會有什麼不合理的需求，或太過感情用事的想法。但在旁人眼裡會覺得你們的生活似乎有點平淡了些，好像就只是過生活，沒有其他休閒玩樂、突然的驚喜變化，但你們彼此可能都覺得，生活不就是這樣？玩樂一直都不是重點。不過只要你們都開心滿足，這也是個不錯的生活。

✪ 合得來指數：60%

🐾 你與毛小孩的相處建議

兩個摩羯座碰在一起，生活會充滿了紀律與規定，但摩羯座毛小孩不太會有怨言，牠會認為反正這就是生活，做好你交派的任務也是牠的責任所在，但請一定要給牠一些獎勵，會讓牠更有成就感。另外摩羯座的個性比較壓抑，不舒服或心情不好，基本上都不太會表達，在忙碌之餘，也記得要多留意自己毛小孩的整體狀況唷。

🐾 毛小孩有話要說

「生活就是這樣子，你要我學什麼，我都會很盡力的把它學好，因為這是我應該要做完的。」

摩羯座毛爸媽VS寶瓶座毛小孩

你與你的毛小孩合得來嗎？

當摩羯座毛爸媽遇上寶瓶座毛小孩，其實你根本不需要太過操心，你不在家時，牠會不會孤單寂寞覺得冷，你要擔心的反而是牠會不會被其他成員打擾。因為本來就很獨立、重視自由空間的寶瓶座毛小孩，會挺享受你出去或忙碌時，這段牠可以「獨處」的時光，做自己想做的事，當你回來時，牠心情會變得比較好，也會稍稍熱情些，當然前提是家裡沒有其他很躁動的生物一直打擾牠的狀況下。

✪ 合得來指數：50%

你與毛小孩的相處建議

寶瓶座毛小孩很重視自己的空間，希望做什麼都可以按照著自己的意思，不要受到太多干涉，而摩羯座毛爸媽雖然平常很忙碌，只要心有餘，力也足的狀況下，你會很願意找時間好好教你的毛小孩規矩或一些把戲，當興致來的時候，不管牠在做什麼，你都要執行你的訓練，但也許會打擾到牠的空間。建議叫叫牠，不要直接把牠抓過來，如果你叫牠，牠願意過來，那便是牠準備好與你互動，否則強迫對牠來說都是不舒服的。

毛小孩有話要說

「我覺得學到一些技術能力很酷，但教我的方法要注意我的空間，不要打擾我。」

摩羯座毛爸媽 VS 雙魚座毛小孩

你與你的毛小孩合得來嗎？

摩羯座毛爸媽與雙魚座毛小孩的組合，真的就像在外工作努力賺錢的爸爸媽媽與正在家嗷嗷待哺的孩子。雙魚座毛小孩既可愛又傻傻的，有時連較為嚴肅、比較少笑的摩羯座，看到牠憨憨的樣子，都會忍不住笑了出來，對牠特別好，只能說雙魚座毛小孩真的很得人疼。然而牠其實挺黏人的，會讓正在忙碌的摩羯座很困擾，既不能兇牠，可是自己還是要工作啊，也會認真思考是否應該要訓練自己的毛小孩好好獨立了。

✪ 合得來指數：60%

你與毛小孩的相處建議

基本上摩羯座毛爸媽給予的教導、指令，雙魚座毛小孩會全盤接受，並盡力完成，然而因為雙魚座的適應力和學習力都不是太強，膽子又比較小，所以請一開始不要給牠太多的指令及太高難度的要求，也不要凶牠，不然體質比較弱又容易受到驚嚇的雙魚，會很吃不消的，甚至乾脆逃避不學了。

毛小孩有話要說

「我會盡量的去符合爸爸＆媽媽給我的要求，因為我很愛你，希望你覺得我很乖。」

寶瓶座毛爸媽

寶瓶座是 12 星座中最搞怪的星座，有時彷彿走在時代的尖端，有時又似乎在最尾端，他們天生反骨，有自己的獨特風格與想法，有時候甚至會為了反對而反對，許多革命家都是寶瓶座，有著與眾不同的思想與行為，很多寶瓶座在童年或青少年時，都被當成問題人物，但後來他們都在自己有興趣的領域裡，成為傑出的人才，也許是很有點冷門、不符合大眾期望趨勢的領域，但他們依然很優秀。寶瓶座很不按牌裡出牌，他們做的每件事似乎都沒什麼軌跡可尋，有時候甚至連他們自己都無法預料那突然而來的靈感，會在什麼時候蹦出來，他們永遠都會帶給身邊的人驚喜或驚嚇。寶瓶座很在意自己的空間自由，他們習慣跟其他人保持一段距離，友善但不黏膩，所以寶瓶座會給人疏離、冷漠的感覺。

在團體中，寶瓶座總是特別突出，雖然不是真的想成為眾人的焦點，他們與眾不同的氣質常常莫名吸引很多目光，他們對旁人是友善的，但卻又有著距離感，無法輕易靠近，很多人都覺得他們很酷，甚至在不知情的情況下，有一批小粉絲。其實寶瓶座沒有刻意裝酷，他們只會對自己認為「志同道合」者或與他們有默契的人稍微熱情些，所謂「道不同，不相為謀」正是他們的至理名言。寶瓶座的表達方式很跳 Tone，本來在聊美妝，可能又突然跳到食物去，如果不是夠瞭解他們，會很難跟上他們的速度，他們也喜歡講清楚說明白，讓對方和自己都事先清楚遊戲規則。寶瓶座不太容易生氣，也很難受到外界的影響，因為如果跟環保議題（很多寶瓶座都挺環保的，還富有人道主義）或與自身興趣無關的事情，他們大都很冷漠，除非對方真的打擾到他們的私人空間，才會表現出不悅，寶瓶座如果真的生氣了，他們會選擇直接轉身離開現場，不在是非之地久留。

寶瓶座的人很多都是3C迷，收集各式各樣的3C產品或愛打線上遊戲，他們充滿了實驗研究的精神，對於自己有興趣的人事物會很認真的追根究底，一些與眾不同的東西，像是外星人、天文學等，他們也會想要瞭解究竟在做什麼。如果今天寶瓶座要養毛小孩，他們會把牠當成自己的夥伴，但也希望對方不要太黏，讓彼此都保有一定的空間自由。

✪ 適合的毛小孩星座：雙子座、射手座、寶瓶座

寶瓶座毛爸媽 VS 白羊座毛小孩

你與你的毛小孩合得來嗎？

當寶瓶座毛爸媽與白羊座毛小孩組合在一起，有時候會令白羊座毛小孩摸不著頭緒，怎麼自己的爸媽一下冷一下熱的，牠到底該怎麼跟他相處啊！精力充沛的白羊座毛小孩，在表達上總是充滿熱情，常常會想要飛撲自己的爸媽或很開心的幫他們洗臉示愛，這對本來就不喜歡過度肢體碰觸的寶瓶座毛爸媽有點無法接受，「我沒有要給你洗臉啦…啊啊啊啊～」，所以總是會要毛小孩跟他保持距離，或在毛小孩飛撲成功前先竄走。

✪ 合得來指數：40%

你與毛小孩的相處建議

白羊座毛小孩的腦袋很簡單「吃」、「玩」、「毛爸媽」，牠不太會去想的很複雜，或有什麼與眾不同的反應，你叫牠做什麼，牠就是做什麼，並期待得到獎勵。所以在教導白羊座毛小孩時，必須給牠「強烈且易懂」的指示，而且是能夠快速學會的，這樣牠會學得很有成就感，你也會感覺挺不錯的。

毛小孩有話要說

「你養我，又嫌我吵，覺得我很沒有紀律，可是你好像有時候會把我當成跟你一樣的人在跟我講話，有時候又讓我感覺我很像不存在的，讓我覺得，我到底是誰啊。」

寶瓶座毛爸媽 VS 金牛座毛小孩

你與你的毛小孩合得來嗎？

對金牛座毛小孩來說，寶瓶座毛爸媽根本就是全世界最難懂的生物，是外星人吧！牠就已經動作很慢，適應力很不好了，你居然還這麼跳 Tone，一下說這個，一下又講到那個，讓牠根本無法對上你的頻率，牠只好坐在原地一直看著你，期望你會再說一遍並講清楚些，但就算寶瓶座再講了一次，與原本要傳達的意思好像又有些許不同，讓金牛座毛小孩好想抱頭「天啊～真的不懂啊！」。

✪ 合得來指數：30%

你與毛小孩的相處建議

金牛座毛小孩的適應力不太好，反應力也有待加強，沒有辦法一下吸收太多資訊並做出行動，需要一段時間咀嚼吸收，才能慢慢調整為習慣。所以在教導或相處上，對待金牛座毛小孩的步調不要太快，不然牠每天暈頭轉向根本不知道你在說什麼。此外，金牛座雖然很溫和，但也很容易沒安全感，不要拿牠當實驗品做一些奇怪的事情啦，否則牠之後就不願意靠近你了。

毛小孩有話要說

「爸爸＆媽媽我真的不懂你在說什麼，而且你都會拿我做一些實驗，讓我覺得好奇怪，你就算有學寵物溝通，也很難讓我瞭解你到底在說什麼。」

寶瓶座毛爸媽 VS 雙子座毛小孩

你與你的毛小孩合得來嗎？

當寶瓶座毛爸媽與雙子座毛小孩碰在一起，雙子座毛小孩大概會有「遇到伯樂」的感覺，覺得你真的是個好人，好像很懂牠。因為寶瓶座毛爸媽不會規範牠，要牠一定得做些什麼或按照規定走，不把牠當成「孩子」，而是「朋友」，給予牠很大的自由空間，遇到事情會願意採取跟牠討論的方式，而不是凶牠、逼迫牠，所以雙子座毛小孩非常喜歡跟寶瓶座毛爸媽相處，也覺得很開心、輕鬆。

✪ 合得來指數：80%

你與毛小孩的相處建議

你們的相處上，幾乎都是很開心的，同屬於風象星座的兩位，本來就不會太干涉、打擾對方。雙子座毛小孩很聰明，學習力很強，教牠的每樣東西，牠很快就能上手，牠也喜歡多變的教導方式，所以你訓練的方式，剛好是牠最喜歡的，沒有壓力又好像可以學到很酷的東西，你們是很棒的組合。

毛小孩有話要說

「我覺得你給我很好的自由，我也很好奇爸爸&媽媽的教育方式，很特別，不會去限制我，也會跟我討論。」

寶瓶座毛爸媽 VS 巨蟹座毛小孩

你與你的毛小孩合得來嗎？

寶瓶座毛爸媽與巨蟹座毛小孩的組合，讓巨蟹座毛小孩挺沒安全感的，因為爸媽實在太不按牌理出牌了，牠不知道你什麼時候會生氣，要離你遠一點；什麼時候心情又特別好，可以過來撒嬌。因為寶瓶座很重視自己的空間，可能會想一個人關在房間裡、坐在電腦桌前面或窩在沙發上滑手機不被打擾，往往使巨蟹座毛小孩吃了很多閉門羹，所以牠生氣了，開始鬧情緒，而你則會覺得牠很莫名其妙又難搞。

✪ 合得來指數：30%

你與毛小孩的相處建議

巨蟹座毛小孩是一個極富感情的生物，牠很愛家，喜歡有家的感覺，會希望自己是被愛著、照顧著的。有時候你在教導牠或相處上，可能會說個大概，就要牠自己去試試看、做做看，例如訓練在廁所大小便，你會直接把牠關在廁所，過一會兒再來看牠有沒有上，但這不是巨蟹座毛小孩要的，牠喜歡互動的感覺，希望你陪著牠學習，讓牠覺得自己是重要的。

毛小孩有話要說

「爸爸＆媽媽，你都會叫我自己去試試看，其實我不是不會，但我喜歡你教我的時候，讓我覺得我很重要，我希望看到我表現的好的時候，你是很高興的。」

寶瓶座毛爸媽 VS 獅子座毛小孩

你與你的毛小孩合得來嗎？

當你遇到很愛現又愛面子的獅子座毛小孩，在你眼中其實你會覺得牠挺好笑的，這個生物怎麼那麼有趣，每天都很搞笑，帶給你很多驚喜。當牠正在演戲想要表達什麼的時候（其實是想得到稱讚，表達自己很厲害），你總會歪著頭看牠，看牠接下來還要做什麼，往往讓獅子座毛小孩覺得非常丟臉，而「見笑轉生氣」，但你卻哈哈大笑，拼命吐他的槽，從此獅子座毛小孩像頭戰敗的獅子，遇上你，牠真的認了！

✪ 合得來指數：30%

你與毛小孩的相處建議

獅子座毛小孩的自尊心非常強，你可以罵牠、嚇牠、逗牠，萬萬不可以吐槽牠，特別是在眾人面前，會讓牠覺得顏面盡失。獅子座是很需要讚美的生物，牠會希望自己表現得很好，得到掌聲與讚賞，所以下次如果牠做的真的很棒，別給牠取一些奇怪的綽號，就大力的稱讚牠吧，不要認為牠做對是理所當然。

毛小孩有話要說

「你都一直給我吐槽，覺得本來就應該會啊，也不會好好讚美我，我就喜歡被肯定嘛！可是你覺得很好笑，你能不能人性化一點，給予我一些比較人話的讚美。」

寶瓶座毛爸媽 VS 處女座毛小孩

你與你的毛小孩合得來嗎？

當寶瓶座毛爸媽與處女座毛小孩碰在一起，對處女座毛小孩是喜憂參半，一方面寶瓶座毛爸媽不會管牠或干擾牠，可能飲水、餵食都用自動化的方式，讓牠可以完全依照自己的步調生活，另一方面是寶瓶座爸媽實在太不按牌理出牌，處女座毛小孩永遠不會知道會不會突然發生什麼事，怕你整牠，或做些什麼奇怪的舉動。所以牠多半都處於神經緊繃的狀態，好像只有寶瓶座毛爸媽不在時，才會稍微放鬆一下。

✪ 合得來指數：40%

你與毛小孩的相處建議

寶瓶座因為討厭被限制，所以你也不會去限制別人，或要求對方必須要跟你一樣。訓練毛小孩也是，你會希望毛孩子用自己的方式摸索、學會。但對處女座毛小孩來說，牠會想要有一個模式可以依循，有一個示範可以看，所以在教處女座毛小孩的時候，你說完，可以做一次給牠看，這樣牠比較容易瞭解，也會學得更快。

毛小孩有話要說

「當你跟我溝通要我完成的事，希望你還是要示範一下，讓我知道怎麼做。」

寶瓶座毛爸媽 VS 天秤座毛小孩

你與你的毛小孩合得來嗎？

當有點嬌貴，喜歡有伴的天秤座毛小孩，遇上個性很酷、不一定要人家陪的寶瓶座毛爸媽，雖然同屬於風象星座的你們都不會給對方太大的壓力。但對你而言，你的天秤座毛小孩好像什麼都不會，牠很漂亮沒錯，但只說漂亮好像也有點一般般，應該要學點很酷的東西，畢竟是你的毛孩子，不會想讓牠跟大家的毛小孩都一樣，所以你會開始計畫，要教他什麼，各種機靈古怪的想法都有。

✪ 合得來指數：50%

你與毛小孩的相處建議

天秤座毛小孩其實天生有點體弱，牠們給人的形象多半會停留在「很漂亮，適合陪伴、玩賞的寵物狗」，你會覺得怎麼可以隨便這樣定義牠，每隻狗都是獨立的個體欸，不過你的天秤座毛小孩的確也是把自己定義成是要來被疼愛的寵物狗，所以別送牠去訓練，牠不想回來變成像斯巴達那樣有肌肉的工作犬，牠會很害怕。

毛小孩有話要說

「千萬不要把我送去訓練，因為我就是一隻寵物狗，不要把我訓練成工作犬。」

寶瓶座毛爸媽 VS 天蠍座毛小孩

你與你的毛小孩合得來嗎？

寶瓶座毛爸媽與天蠍座毛小孩的組合，就像兩顆石頭，一顆是來自外太空的隕石，常常有不屬於地球的邏輯，令人很難搞懂；另一顆是則是沉默低調卻擁有強大守護力量的黑曜石，總是喜怒不形於色，不表達自己的想法。同屬於固定型星座的你們都非常固執，常常各自堅持在自己的想法上不願意退讓，原本很開放的寶瓶座，遇到天蠍座深沉的個性，也不想溝通了，就這樣槓在那裡。

✪ 合得來指數：30%

你與毛小孩的相處建議

天蠍座毛小孩看似很難搞或太有自己的想法，其實當牠真的信服一個人時，是非常好講話的，因為有時候牠太過沉默、冷漠，導致寶瓶座覺得牠心機很重、既複雜又疏離，不想跟牠溝通，但天蠍座毛小孩也覺得你很難懂啊，常常變來變去，牠真的不知道你想要牠做什麼，所以還是放開心胸，不要老是跟牠生悶氣吧。

毛小孩有話要說

「我覺得你好像外星人，你都覺得我很固執，但是我真的不懂你，做你的小孩，到底要怎麼樣我們才可以溝通。」

寶瓶座毛爸媽VS射手座毛小孩

你與你的毛小孩合得來嗎？

愛自由的毛小孩們，似乎都會很喜歡寶瓶座毛爸媽，射手座毛小孩就是其中一個。你們的個性很相似，你希望心靈、身體上都有自己的空間，能夠獨處，希望別人不要給你壓力，牠則不想一直被關著，要有空間可以跑跑跳跳。你通常不會干涉牠太多，幾乎有點放任的方式，讓牠自己在那裡玩，只要不要太誇張就好，所以射手座毛小孩很喜歡跟你相處，覺得不會綁手綁腳的什麼事都不能做。

✪ 合得來指數：70%

你與毛小孩的相處建議

射手座毛小孩喜歡自由、陽光與大自然，雖然你不太會限制牠，但要不要出去玩其實還是得看你心情，有時候突然說走就走，有時候就算牠在你旁邊吵半天，你都可以漠視牠，繼續做自己的事情。如果覺得牠真的很吵，還是養成習慣每天都帶牠出去吧！這樣牠的精力可以得到發洩，你也能持續有自己的獨處時光，不會一直被干擾。

毛小孩有話要說

「謝謝你給我自由的空間，如果能夠陪我到外面玩的時間再多一點就好了。」

寶瓶座毛爸媽VS摩羯座毛小孩

你與你的毛小孩合得來嗎？

當寶瓶座毛爸媽與摩羯座毛小孩組合在一起，寶瓶座會覺得摩羯座真的挺無趣的，因為什麼都按照規定走的平淡制約生活，本來寶瓶座就沒有什麼興趣，你喜歡在人生中創造驚喜或有很多突發奇想。如果每一天都做著一樣的事情，那人生似乎也沒有任何意義，所以你會很想幫助你的摩羯座毛小孩，讓牠的生活變得有趣一點，會帶牠走出戶外，或教牠一些其他毛小孩沒學的東西，但你教是一回事，摩羯座毛小孩學不學的起來又是另一回事了。

✪ 合得來指數：50%

你與毛小孩的相處建議

摩羯座毛小孩的個性既保守又古意，對於爸媽給的指示，只要是有用的，牠都會很認真的遵守並想辦法學會、達成，但因為比較需要經驗，沒辦法一下就上手，在教導摩羯座毛小孩時，要給牠多一點時間去演練，教法也不要一直變來變去，讓牠不知道到底該聽哪一套口令。

毛小孩有話要說

「我很喜歡學習，也喜歡等著你給我做訓練，讓我知道我又能增加什麼能力，但不要用太沒有經驗的方式去訓練我。」

寶瓶座毛爸媽 VS 寶瓶座毛小孩

你與你的毛小孩合得來嗎？

當寶瓶座毛爸媽帶著寶瓶座毛小孩走過來時，都很想走上前去問你們到底來自那個星球，根本就是兩個外星人啊！都很不按牌理出牌、既叛逆又反骨，總是那個例外中的例外。因為不太把規定放在眼裡，所以你也不會給你的寶瓶座毛小孩訂定什麼規範，因為你很明白，牠根本不會照做。你們會像夥伴一樣志趣相投，什麼都一起，有時候也能夠在同一空間，彼此各做各的，互相不打擾對方。

✪ 合得來指數：60%

你與毛小孩的相處建議

基本上你們相處不太會有什麼問題，畢竟都是外星人，比較瞭解對方的想法，也會很有默契。不過有時候你們會互相把對方當空氣，並不是吵架，只是各自都在自己的小天地裡過得很幸福。寶瓶座認為萬物平等，大家都一樣，你的寶瓶座毛小孩的確很像人，但牠還是狗狗，有時候也要用毛小孩的方式對牠，否則到頭來，牠會搞不清楚自己到底是什麼物種而有點太超過了。

毛小孩有話要說

「你根本就是外星人吧，沒關係我也是，反正我們就是物以類聚、志趣相投。」

寶瓶座毛爸媽 VS 雙魚座毛小孩

你與你的毛小孩合得來嗎？

對寶瓶座來說，其實會有點怕你的雙魚座毛小孩，拿牠沒辦法，因為牠很黏你，讓你覺得很沒空間，可是牠也沒做錯事，又那麼可愛、膽小，你兇牠不是，任牠撒嬌也不是，所以只好跟你的雙魚座毛小孩玩躲貓貓，看牠在找你的時候會不會落得一點清閒，但當雙魚座毛小孩找不到你，開始哀哀哭的時候，你又會很無奈的走出來讓牠找到。我想，這是一個讓毛爸媽認命的組合。

✪ 合得來指數：40%

你與毛小孩的相處建議

雙魚座毛小孩很愛撒嬌又黏人，有時候你很樂意接受，有時候又會覺得太靠近了，這樣變來變去，讓你的雙魚座毛小孩無所適從，所以牠會開始鬧情緒，就像在外面的孩子吵著要糖吃，這時你不會生氣，但你會把牠單獨晾著，看能不能讓牠冷靜些，雙魚座毛小孩的確會變得很冷靜，因為牠已經嚇壞了，牠不是能夠單獨被放在一個陌生的地方的類型啊！

毛小孩有話要說

「我知道我黏你黏太緊了，又容易鬧情緒，希望你不要覺得我很煩，不要一直把我放在陌生的地方放著。」

雙魚座毛爸媽

雙魚座是 12 星座中最善解人意的星座，他們很體貼，常常為別人著想，單純容易相信別人。很多雙魚座特質的人，都有一雙很有靈氣的眼睛，這雙眼睛透露出很多訊息，他們的善良、可愛，還有似乎可以懂你的一切，不像天蠍座有銳利的目光，雙魚座的眼神是柔和的，有時候笑起來，這雙眼睛會變成一條線，非常的迷人。雙魚座很浪漫，喜歡做夢的他們常常會幻想一些天馬行空的場景，有些場景可以拿來作畫，有些場景可以拿來寫故事，有些場景能夠對舞蹈、音樂有所啟發，所以雙魚座，也很適合接觸藝術的領域，並能夠表現傑出。雙魚座的直覺很強，假使另一半或周遭朋友有什麼變化，他們都會莫名其妙發現，也不是故意的，就是會有突然而來的靈光閃現。

在團體中，雙魚座傾向縮起來，因為他們既害羞又怕生，對於剛見面的人事物、新環境，都會帶有怯怯的態度，也比較容易依賴別人。不過通常都會有人願意主動照顧雙魚座，讓他們不要那麼緊張、害怕。雙魚座很溫柔、體貼，不太會拒絕別人的他們，表達的方式偏向委婉，不會給人不舒服的感覺或是帶有侵略性，有時候甚至令人感覺弱弱的。雙魚座很少生氣，不喜歡吵架的他們與天秤座一樣會以大家的想法為主，很少有個人的意見，就算不高興，也不會想用激烈、傷害的手段對待別人，反而容易沮喪、難過，不過要是真的惹毛了雙魚，小金魚也會變成大白鯊，想像力豐富的他們，幾乎什麼行為都做的出來。

雙魚座很重感情，他們對朋友、家人、另一半都很好，無怨無悔的付出，也會特別黏、依賴對方。由於喜歡幻想、直覺又很強的關係，雙魚座也特別喜歡藝術、身心靈的領域，會很想去接觸。如果雙魚座要養毛小孩，那絕對是捧在手心呵護，甚至有點溺愛。可愛、愛撒嬌又黏人的毛小孩最適合雙魚座，讓他們感覺窩心又開心。

✪ 適合的毛小孩星座：金牛座、雙子座、巨蟹座、獅子座、處女座、天蠍座、摩羯座、雙魚座

雙魚座毛爸媽 VS 白羊座毛小孩

🐾 你與你的毛小孩合得來嗎？

當柔情似水的雙魚座毛爸媽，遇上熱情如火的白羊座毛小孩，還真的有點水火不容耶，因為敏感又情緒化的雙魚很容易感動、難過，常常一會兒哭，一會兒笑的，讓神經有點大條的白羊座毛小孩眼睛瞪的大大的，覺得很慌亂，想說剛剛沒有發生什麼事情啊！你到底怎麼了？是被欺負了嗎？（是被你欺負吧）。有時候白羊座毛小孩也愛搗蛋，雖然生氣想好好處罰牠，但又會心軟，捨不得罵牠，讓你總是會有種無力感。

✪ 合得來指數：50%

🐾 你與毛小孩的相處建議

白羊座毛小孩直來直往，牠的思想不太會轉彎的，所以如果要牠猜你的想法，或知道你對牠的期望，基本上是不太可能。所以請雙魚座拿出魄力，平常該講、該罵的就要明確的告訴你的白羊座毛小孩，不要因為一時心軟、捨不得就放任牠，不然到時候你真的抓狂了，還是會對牠發脾氣啊！

🐾 毛小孩有話要說

「有時候我會覺得自己很壞，都在欺負你，可是有時候，你也會很情緒，對我發脾氣，那時候我覺得，讓我很想躲起來，可不可以讓我知道，你到底要什麼？」

雙魚座毛爸媽 VS 金牛座毛小孩

你與你的毛小孩合得來嗎？

當溫柔的雙魚座毛爸媽，遇上想要安定的金牛座毛小孩，你們是超棒的組合。因為喜歡小動物的雙魚座，會很疼愛自己的毛小孩，也會常常摸、抱抱牠，這對喜歡有肢體接觸，想要安全感的金牛座毛小孩來說非常幸福，覺得自己真的有被重視及愛著，也會希望爸媽一直都不變（因為有時候雙魚座挺善變的）。

✪ 合得來指數：80%

你與毛小孩的相處建議

你們相處起來很快樂，你們都會很愛彼此，也希望能一直保持下去，不要一有其他人事物出現在你身邊，你的注意力就完全被轉移，讓你的金牛座毛小孩覺得你似乎沒有以前那麼愛牠了。因為很重視安全感，所以只要金牛座毛小孩有穩定的感覺，就不太會發生行為問題，也會一直很乖很聽話。然而你們都愛吃，也要注意體重，要適當的運動啦！

毛小孩有話要說

「爸爸&媽媽我喜歡黏著你，你也會很甜蜜的把我抱著，讓我感覺到很溫馨，讓我感覺到你很愛我，希望你都一直都沒有變。」

雙魚座毛爸媽 VS 雙子座毛小孩

🐾 你與你的毛小孩合得來嗎？

當很寵小孩的雙魚座毛爸媽，與很皮蛋的雙子座毛小孩碰在一起，你每天的生活，雖然有笑聲，但也會充滿尖叫聲。因為雙子座毛小孩實在太古靈精怪，雖然不會像白羊座一樣做出很多失控的行為，但牠常常都挑法律漏洞鑽，挑你在忙的時候去翻零食櫃、挑你不在家的時候偷偷跑去你跟牠說不可以去的地方，如果你裝了專門看牠的攝影機，此時你大概會在手機前面尖叫吧，超想衝回家（手刀）制止牠的。

✪ 合得來指數：60%

🐾 你與毛小孩的相處建議

雙子座毛小孩實在太聰明了，你如果太沒原則，你很可能會淪為一直被牠欺負的對象，因為牠知道你一定會捨不得罵牠、懲罰牠，如果你生氣，牠就撒撒嬌，耍賴一下就你就會心軟。雖然毛小孩真的要好好寵，但一些規定還是得要求牠，避免日後可能會產生的問題——你怎麼教他都不聽，就是一直耍賴。

🐾 毛小孩有話要說

「爸爸＆媽媽教我都會心軟，特別是媽媽，所以我都會不專心，覺得很抱歉，我不應該這樣，但又很想跟你耍賴。」

雙魚座毛爸媽 VS 巨蟹座毛小孩

🐾 你與你的毛小孩合得來嗎？

當雙魚座毛爸媽與巨蟹座毛小孩碰在一起，你們是一個非常居家的組合，兩個都不喜歡一直外出，寧願宅在家裡一整天，吃吃東西，看看電影、韓劇等等，看到悲傷的部分你就抱著牠哭，看到好笑的地方你就邊拍牠邊笑。有時候你要出門了，還會依依不捨的看著牠（兩位是在上演十八相送嗎？），就算你只是去樓下倒個垃圾，五分鐘就回家了，你的巨蟹座毛小孩倒是很享受這種感覺，牠覺得你真的很愛牠。

✪ 合得來指數：80%

🐾 你與毛小孩的相處建議

你們是很棒的組合，都很重感情，雙魚座毛爸媽會讓巨蟹座毛小孩很有安全感，就算牠偶爾真的鬧鬧情緒，產生一些行為問題，你也不會生氣，反而很擔心牠是不是生病了，還是自己最近在忙，都沒有一直陪著牠。這讓巨蟹座毛小孩覺得很不好意思，牠一直發脾氣，你卻沒有對牠兇，也會很感謝你對牠這麼好。

🐾 毛小孩有話要說

「我覺得我很幸福，可以成為你的孩子，我也真的很希望你能夠非常開心，我很愛你，我也會讓自己鬧脾氣讓你擔心的情況越來越少，因為這是一種撒嬌。」

雙魚座毛爸媽 VS 獅子座毛小孩

你與你的毛小孩合得來嗎？

獅子座毛小孩很愛演、很喜歡表達自己，需要舞台、關注及掌聲，而雙魚座毛爸媽完全符合了這個需求，你常常會很慈愛的看著牠，就像在看自己的孩子，每天跟牠說「你好可愛」、「我的寶貝好棒、好漂亮」，讓獅子座毛小孩一直受到讚美聲的洗禮（洗到都在發亮），使牠越來越有自信，每天都過得很開心，牠非常喜歡這樣的生活呢！

✪ 合得來指數：60%

你與毛小孩的相處建議

當雙魚座毛爸媽遇上有點霸氣的獅子座毛小孩，這可能是一個獅子座會把你吃死死的組合，因為你都一直順著牠的毛梳下來，對牠很好，讓牠覺得你是全世界最愛牠的人，牠也很愛你唷！只是有時候牠可能會故意搗蛋，想逗逗你，不過沒想到你每次都不生氣還哭給牠看（雙魚座好像挺會裝哭的），牠只能默默投降，一直告訴你牠會乖，叫你不要哭了啦！

毛小孩有話要說

「我真的很愛你耶！你都會讓我感覺到我很壞，因為你都會哭給我看，我只能嘆氣囉！好啦，我會乖啦。」

雙魚座毛爸媽 VS 處女座毛小孩

你與你的毛小孩合得來嗎？

你的處女座毛小孩很嚴肅、很挑剔，有自己的生活規律，而且希望你可以配合牠。超疼毛小孩的雙魚座爸媽，只要在自己能力範圍之內都很願意滿足毛小孩的每個條件，你可能會開始每天打掃家裡，把淨水器給換了，上網或看書瞭解一下有關狗狗的知識，做一些容易有的疾病預防，研究營養又適合狗狗的食材，動手做鮮食給處女座毛小孩吃，也順便做一份自己的，在固定的時間吃三餐（因為要餵他），作息越來越正常。看來你的處女座毛小孩，讓你變得健康又能幹啊！

✪ 合得來指數：60%

你與毛小孩的相處建議

雙魚座很善解人意，對待自己所喜歡的人事物，也會特別用心，願意為對方付出。然而有時候你比較迷糊，可能會忘記自己今天的行程，或跟人約了卻忘記設鬧鐘，甚至忘記吃飯，也忘記餵你的處女座毛小孩，讓牠很害怕，一直拜託你如果要帶牠出去的話，一定要牽緊牠，萬萬不要把牠搞丟，或把自己搞丟了。

毛小孩有話要說

「我很怕你哪天帶我出去，把我搞丟了，所以我希望爸爸&媽媽不要這麼迷糊，而且一定要記得有關我的事情。」

雙魚座毛爸媽VS天秤座毛小孩

你與你的毛小孩合得來嗎？

當比較黏人的雙魚座毛爸媽，遇上喜歡有伴的天秤座毛小孩，牠會認為你是牠很好的伴，你們可以一起做很多事情，你也很願意帶著牠出去（其實你是只要能帶著牠，一定都會帶著牠出門，根本捨不得牠留在家裡），雖然牠 Social 的很開心，可以認識不同的朋友，去不同的地方玩，但你好像有點黏牠欸！你怎麼比牠依賴你還依賴牠啊？！有時候也給牠一點自由的空間啦，不要牠一不理你，就裝哭好嗎！

✪ 合得來指數：50%

你與毛小孩的相處建議

有時候雙魚座毛爸媽很多愁善感，身為最佳陪伴者，天秤座毛小孩很願意聽自己的毛爸媽講講生活上發生的大小事與喜怒哀樂，有時候你很難過在掉眼淚，牠搞不好還把衛生紙推給你，用前腳碰碰你，讓你不要哭了，但當你大哭的時候抱著牠，牠是不好意思掙脫啦，但不要把牠的毛ㄍㄡˊ的全部都是鼻涕和眼淚啊！牠最寶貝牠的毛了。

毛小孩有話要說

「我們互相為伴很好，你會對我說心事，但你都會哭得我身上毛好醜喔！啊啊啊啊～」

雙魚座毛爸媽 VS 天蠍座毛小孩

你與你的毛小孩合得來嗎？

當佔有欲很強的天蠍座毛小孩，遇上會溺愛寵物的雙魚座毛爸媽，這也是一個不錯的組合。你們相處起來很開心，但有時候牠挺無奈的，因為善解人意的你，只要是在意的人事物，你都會付出很多，對待每一個人都很好。假使家裡有兩隻以上的毛小孩，雖然知道你不會冷落牠，可是牠就是想要比其他人得到多一些愛，要你比較疼牠，所以牠可能會開始有一些爭寵的行為，讓你的目光放在牠身上多一些。

✪ 合得來指數：70%

你與毛小孩的相處建議

一旦天蠍座毛小孩把你當成自己人，牠勢必會很愛你，也很願意保護你，但有時候牠會希望你可以爭氣一點，在感情上多愛自己一些，不要一直為對方毫無保留的付出卻又受傷，牠會很心疼。尤其是毛媽，要堅強起來，不要一直哭或一直擔心對方會離開你，身為牠天蠍座的毛爸媽，將你的能量展現出來，別給牠丟臉。

毛小孩有話要說

「我會保護你，媽媽，我希望你在感情上不要太弱，不要只會哭或擔心害怕，可以多抱抱我，會給你力量。」

雙魚座毛爸媽 VS 射手座毛小孩

你與你的毛小孩合得來嗎？

雙魚座毛爸媽與射手座毛小孩的組合，讓射手座毛小孩覺得好像很自由，可是又有點牽絆的感覺。雖然你不會硬逼迫牠要做什麼、限制牠的空間，但射手座毛小孩很愛你，便會開始想，如果牠做出這些行為，你會不會難過，再加上有時候雙魚座挺愛哭（愛裝哭）的，火象星座都很怕人家哭啊！真的會讓射手座毛小孩有種「牽鋼絲」的感覺，一種看似很小卻強而有力的羈絆之感，好像無法真正做自己呢！

✪ 合得來指數：50%

你與毛小孩的相處建議

射手座毛小孩很喜歡出門，所以常常會吵著爸媽要帶牠出去，不過有時候雙魚座挺懶的，精力好像也沒那麼旺盛，比起出去運動，你比較喜歡在家裡看韓劇，耍個廢。牠倒是希望你也出去走一走，多運動一下把體力練好一點，不然到時候牠一開心起來，就變成牠遛你了。

毛小孩有話要說

「希望你的體能要練好一點，因為我很有活力，我怕我在跑的時候太興奮了，會拉著你讓你受傷，不要這麼多愁善感，看我多開心啊！多去外面走走。」

雙魚座毛爸媽 VS 摩羯座毛小孩

你與你的毛小孩合得來嗎？

當雙魚座毛爸媽與摩羯座毛小孩碰在一起，會讓雙魚座毛爸媽很安心，因為摩羯座毛小孩既忠誠又盡責，牠會守護自己的爸媽，在你需要牠時，一直在旁邊陪伴你。只要感覺到你是重視牠、對牠好，是愛牠的，牠的盡心盡力便是一輩子。雖然牠不像火象星座那麼活潑，水象星座那麼會撒嬌，也不像風象星座那麼聰明，但其實你一點都不在乎，就是很愛牠啊。

✪ 合得來指數：80%

你與毛小孩的相處建議

摩羯座毛小孩會給你很務實穩定的感覺，只要你不開牠玩笑或整牠，通常牠都樂於完成你所指派的任何事務。但摩羯座畢竟是土象星座，沒辦法一直靠感性、想像、直覺過生活，所以你還是得給牠一些規範、原則去依循。在訓練牠的時候也要用很正經的態度，因為牠很認真，如果你都是笑笑的太過輕鬆，牠其實會不知道這到底是不是在教導牠。

毛小孩有話要說

「有彼此在，我們都會感覺很美好，有你在真好，這是我要跟你說的。我也相信，你有我在會很好，因為我會很忠誠、很盡責。」

雙魚座毛爸媽 VS 寶瓶座毛小孩

你與你的毛小孩合得來嗎？

柔情似水、善解人意的雙魚座，遇上如同風一樣的浪子狗，寶瓶座毛小孩，你的心裡已經默默唱起了費玉清與周杰倫合唱的「千里之外」，牠感覺就是拒你於千里之外啊！因為相當重視自己獨立空間的寶瓶座毛小孩，就算對喜歡的人，還是會希望保持一定的安全距離，但雙魚座會希望可以常常抱抱、親一下或跟自己的寶貝毛小孩屁股靠屁股依偎著一整天，一起坐在地上看電視、牠睡覺你看書等等，這對愛自由的寶瓶座毛小孩來說，好像有點困難，不過牠是不介意跟你勾肩搭背或擊掌一下下啦！ **✪ 合得來指數：50%**

你與毛小孩的相處建議

喜歡獨處又不按牌理出牌的寶瓶座毛小孩，你不需要給牠過多的愛與關注，因為對喜歡自由的牠，太多的愛容易演變成一種負擔，會讓牠覺得綁手綁腳，沒辦法做自己想做的事，寶瓶座做事是不喜歡想得太多的。所以適當的給予彼此自己的空間，不要太黏牠，對你們來說都是好的唷！

毛小孩有話要說

「我常在旁邊冷冷看著你做一些蠢事，可不可以不要太黏我。」

雙魚座毛爸媽 VS 雙魚座毛小孩

你與你的毛小孩合得來嗎？

當雙魚座毛爸媽與雙魚座毛小孩混在一起，你們就是一團可愛的黏皮糖，捨不得跟對方分開，你常常對牠又抱又親，牠也用舌頭舔你滿臉，晚上睡覺依偎在一起。不過有時候你會活在自己的世界裡，一個人放空，陷入安靜的沉思狀態，完全不理會旁邊發生的任何事。雖然雙魚座毛小孩懂你只是想讓思緒休息一下，因為牠有時候亦是如此，但當你不理牠時，牠還是會有些害怕。

✪ 合得來指數：60%

你與毛小孩的相處建議

因為你們彼此都是對方生活中不可或缺的夥伴，所以雙魚座毛爸媽在找另一半的時候，也請記得一定要找一位「很愛毛小孩」的對象唷！不可以只是不討厭，因為對方如果也很喜歡動物，勢必也會對你的雙魚座毛小孩非常呵護、寶貝，而不是希望你能把毛小孩丟在家裡，多陪他出去，才不會讓你很兩難，雙魚座毛小孩也會很受傷。

毛小孩有話要說

「你不要隨便拿一些東西給我吃啦，我不能吃甜點，我很愛你，希望你不要想太多不開心的事，有時候你會很黏我，可是有時候你好像又進入到自己的世界，我很怕你忘記我。」

羅宋燴牛腩飯

避免太上火的食物，對肌肉、血液循環有益的食材，對眼睛良好的食材。

主食肉類：雞肉、魚肉、牛肉
蔬果類：藍莓、蘋果、番茄、菠菜、蔥韭外的蔬菜
五穀根莖類：米飯
蛋

材料

- 牛腩 300g
- 番茄 2 顆
- 西芹 2 支
- 高麗菜 1/4 顆
- 馬鈴薯 1 顆
- 紅蘿蔔 50g
- 番茄糊 30g
- 水 2 公升
- 橄欖油適量
- 白飯 60g
- 洋蔥切碎 1/4 顆
- 洋菇切片 3 顆
- 紅酒 50cc
- 鹽及胡椒適量
- 青花菜 2 小朵

作法

❶ 牛腩切塊；依序將番茄、西芹、高麗菜、馬鈴薯及紅蘿蔔切塊；青花菜燙煮備用；將洋蔥及洋菇用奶油炒香備用。
❷ 以橄欖油將牛腩煎上色後，加入番茄糊拌炒上色備用。
❸ 以橄欖油依序將番茄、西芹、高麗菜、馬鈴薯及紅蘿蔔拌炒上色，加入牛腩及水，燜煮 2 小時至牛腩熟透，加入洋蔥及洋菇並加入紅酒濃縮，再用鹽、胡椒調味。
❹ 上盤後附上白飯及青花菜裝飾即可。

毛小孩食譜

材料

- 牛腩 300g
- 番茄 2 顆
- 西芹 2 支
- 高麗菜 1/4 顆
- 馬鈴薯 1 顆
- 紅蘿蔔 50g
- 番茄糊 30g
- 水 2 公升
- 橄欖油適量
- 白飯 60g
- 青花菜 2 小朵

作法

❶ 牛腩切塊；依序將番茄、西芹、高麗菜、馬鈴薯及紅蘿蔔切塊；青花菜燙煮備用。
❷ 以橄欖油將牛腩煎上色後，加入番茄糊拌炒上色備用。
❸ 以橄欖油依序將番茄、西芹、高麗菜、馬鈴薯及紅蘿蔔拌炒上色，加入牛腩及水，燜煮 2 小時至牛腩熟透。
❹ 上盤後附上白飯及青花菜裝飾即可。

海鮮地瓜可樂餅

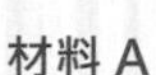

避免脂肪過多的食物，含碘、能夠保養喉嚨的食物。

主食肉類：雞胸肉、魚肉、牛肉（低脂部位）
蔬果類：花椰菜、蔥韭外的蔬菜、蘋果、梨子（少量）
五穀根莖類：地瓜
蛋、藻類

材料 A

- 地瓜 3 顆
- 洋蔥切碎 1/2 顆
- 鮭魚 200g
- 蝦仁 150g
- 紅鯛魚 150g
- 大草蝦（50g）12 隻
- 水煮蛋 1 顆，切碎
- 巴西利碎 3g
- 檸檬 1 顆
- 黑胡椒、鹽適量
- 起司粉 30g

材料 B

- 麵粉 150g
- 蛋 2 顆
- 麵包粉 200g

塔塔醬

- 美奶滋 100g
- 芥末醬 5g
- 酸黃瓜碎 15g
- 檸檬汁 1/4 顆
- 酸豆 5g

作法

❶ 將地瓜煮熟壓成地瓜泥；洋蔥切碎，用奶油炒香。
❷ 鮭魚、蝦仁及紅鯛魚，煮熟壓碎。
❸ 將草蝦去殼，將蝦肉展開調味。
❹ 再將所有材料依序拌均勻，用黑胡椒、鹽、起司粉及檸檬汁調味，包裹草蝦肉後整形。
❺ 蛋打散備用；將海鮮餅依序沾麵粉、蛋液及麵包粉備用；塔塔醬將所有材料混勻備用。
❻ 最後用 200℃油溫將海鮮餅炸至金黃上色至熟，附上塔塔醬及檸檬角裝飾即可。

王小孩食譜

材料 A

- 地瓜 3 顆
- 玉米醬 30g
- 鮭魚 150g
- 紅鯛魚 150g
- 紅甜椒切末 30g
- 水煮蛋 1 顆，切碎
- 泡開海帶芽 20g
- 巴西利碎 2g
- 檸檬汁 5cc
- 起司粉 5g

材料 B

- 麵粉 150g
- 蛋 2 顆
- 麵包粉 200g

作法

❶ 將地瓜煮熟壓成地瓜泥；鮭魚及紅鯛魚，煮熟壓碎。
❷ 再將所有材料依序拌均勻，檸檬汁及起司粉調味，整形成魚餅 6 顆。
❸ 蛋打散備用；沾麵粉，蛋液及麵包粉。
❹ 最後煎成兩面金黃色至熟即可。

鄉村羊肉派

安定、舒緩情緒的食物，對呼吸系統有益的食物。

主食肉類：雞肉、魚肉、牛肉、羊肉
蔬果類：木耳、白花椰菜、白菜
五穀根莖類：胡蘿蔔、米飯、馬鈴薯
蛋、豆腐

材料

- 羊絞肉 325g
- 馬鈴薯 500g
- 去皮番茄（罐頭）125g
- 蛋黃 1 個
- 奶油 20g
- 鮮奶油 50cc
- 鹽、胡椒、荳蔻粉適量
- 香料、胡椒粉、百里香 2g
- 沙拉油 50cc
- 洋蔥 150g
- 紅蘿蔔 90g
- 西芹 60g
- 蛋 1/2 個
- 牛奶 30cc
- 牛高湯 350cc

作法

❶ 烤箱預熱 200℃；洋蔥、紅蘿蔔及西芹均切小丁。
❷ 馬鈴薯去皮，用水煮約 15 分鐘至熟，過濾，再壓成泥，續入蛋黃、牛奶、奶油及鮮奶油拌勻，並用荳蔻粉及鹽、胡椒調味即為馬鈴薯泥備用。
❸ 羊絞肉用沙拉油炒香，撈起，續入洋蔥、紅蘿蔔及西芹炒香，後入番茄拌炒 5 分鐘，把羊絞肉加入，再入牛高湯、水及百里香調味，以慢火煮 25 分鐘，即為羊肉餡。
❹ 用深派盤將羊肉餡鋪在底部，再蓋上馬鈴薯泥（可用擠花袋裝飾），最後刷上蛋液，入烤箱以 200℃烤 8 分鐘，烤至表面金黃即可。

毛小孩食譜

材料

- 羊絞肉 325g
- 馬鈴薯 500g
- 去皮番茄（罐頭）125g
- 蛋黃 1 個
- 奶油 20g
- 百里香 2g
- 沙拉油 50cc
- 紅蘿蔔 90g
- 西芹 60g
- 蛋液 1/2 個
- 牛奶 30cc
- 水 300cc

作法

❶ 烤箱預熱 200℃；紅蘿蔔、西芹均切小丁。
❷ 馬鈴薯去皮，用水煮約 15 分鐘至熟，過濾，再壓成泥，續入蛋黃、牛奶、奶油拌勻即為馬鈴薯泥備用。
❸ 羊絞肉用沙拉油炒香，撈起備用，續入紅蘿蔔、西芹炒香，後入番茄拌炒 5 分鐘，把羊絞肉加入，再入水及百里香調味，以慢火煮 25 分鐘即為羊肉餡。
❹ 用深派盤將羊肉餡鋪在底部，再蓋上馬鈴薯泥（可用擠花帶裝飾），最後刷上蛋液，入烤箱以 200℃烤 8 分鐘，烤至表面金黃即可。

法式白醬
雞腿焗烤飯

毛爸媽食譜

少糖少脂、對胃及子宮有益的食物。

主食肉類：雞胸肉、魚肉、牛腿肉、腰閃肉
蔬果類：黃瓜、菠菜、高麗菜、蔥韭外的深綠色蔬果
五穀根莖類：白蘿蔔、南瓜、山藥、米飯
蛋、起司、優格（少量）、肝臟（少量）

材料

- 去骨雞腿 2 支
- 青花菜 50g
- 蒸熟南瓜 30g
- 白蘿蔔 30g
- 紫山藥 30g
- 紅甜椒 30g
- 洋蔥切小丁 1/4 顆
- 洋菇切片 3 顆
- 奶油 50g
- 麵粉 30g
- 牛奶 100cc
- 雞高湯 150cc
- 白飯 120g
- 乳酪絲 30g
- 白酒 50cc
- 鹽、胡椒適量

作法

❶ 雞腿切塊，沾少許麵粉，煎上色備用；將洋蔥及洋菇用奶油炒香備用。
❷ 依序將青花菜、紅甜椒、白蘿蔔及紫山藥切塊並燙熟；蒸熟南瓜切塊。
❸ 奶油炒麵粉，加入牛奶及雞高湯成白醬，加入雞腿塊以小火燜煮 15 分鐘，依序加入南瓜、白蘿蔔及紫山藥拌煮均勻並加入白酒濃縮，加入洋蔥及洋菇並用鹽、胡椒調味。
❹ 將白飯放入焗烤盤，加入法式白醬雞腿，加入青花菜及紅甜椒裝飾。
❺ 撒上乳酪絲焗烤，烤至金黃上色即可。

毛小孩食譜

材料

- 去骨雞腿 2 支
- 青花菜 50g
- 蒸熟南瓜 30g
- 白蘿蔔 30g
- 紫山藥 30g
- 紅甜椒 30g
- 奶油 30g
- 麵粉 30g
- 牛奶 100cc
- 雞高湯 150cc
- 白飯 60g
- 乳酪絲 30g

作法

❶ 雞腿切塊，沾少許麵粉，煎上色備用。
❷ 依序將青花菜、紅甜椒、白蘿蔔及紫山藥切塊並燙熟；蒸熟南瓜切塊。
❸ 奶油炒麵粉，加入牛奶及雞高湯成白醬，加入雞腿塊以小火燜煮 15 分鐘，依序加入南瓜、白蘿蔔及紫山藥拌煮均勻。
❹ 將白飯放入焗烤盤，加入法式白醬雞腿，加入青花菜及紅甜椒裝飾。
❺ 撒上乳酪絲焗烤，烤至金黃上色即可。

義式鮮魚時蔬燉

對心臟有益的食物。

主食肉類：雞胸肉、魚肉、牛肉、羊肉
蔬果類：紅蘿蔔、菠菜、番茄、高麗菜、蔥韭外的深綠色蔬菜
五穀根莖類：地瓜、米飯
蛋、起司、優格（少量）、肝臟（少量）、魚油

材料

- 鱸魚片 120g（半條）
- 鮭魚 100g
- 白米 150g
- 紅蘿蔔 20g
- 西芹 20g
- 薑 5g
- 洋蔥 20g
- 水 300cc
- 白酒 20cc
- 鹽適量
- 白胡椒適量
- 水煮青花菜適量
- 油適量

作法

❶ 將整片鱸魚片帶皮部份煎上色至半熟後切塊，鮭魚切塊；紅蘿蔔切小丁，西芹切小丁 ，薑切末，洋蔥切碎。
❷ 鱸魚、鮭魚、薑、白酒用水燙熟撈起、剩下的即成魚高湯。
❸ 白米與洋蔥、西芹、紅蘿蔔一起拌炒後慢慢加入魚高湯約 200cc。
❹ 白飯與蔬菜都煮軟後加入鱸魚及鮭魚並以鹽及胡椒調味，上盤附青花菜裝飾即可。

毛小孩食譜

材料

- 鱸魚片 120g（半條）
- 鮭魚 100g
- 白米 60g
- 水 300cc
- 油適量
- 紅蘿蔔 20g
- 西芹 20g
- 薑 5g
- 水煮青花菜適量

作法

❶ 將整片鱸魚片帶皮部份煎上色至半熟後切塊，鮭魚切塊；紅蘿蔔切小丁，西芹切小丁，薑切末。
❷ 鱸魚、鮭魚、薑用水燙熟撈起，剩下的即成魚高湯。
❸ 白米與西芹、紅蘿蔔一起拌炒後慢慢加入魚高湯約 80cc。
❹ 白飯與蔬菜都煮軟後加入鱸魚及鮭魚，上盤後附青花菜裝飾即可。

蘋果巧達牛肉漢堡

對小腸、胰臟有益，幫助消化的食物。

主食肉類：雞胸肉、魚肉、牛肉
蔬果類：蘋果、花椰菜、高麗菜、嫩瓜類（冬瓜、大黃瓜、苦瓜）、蔥韭外的深綠色蔬果
五穀根莖類：山藥、米飯
蛋、優格（少量）

材料

- 牛後腿絞肉 350g
- 紅洋蔥 1/2 顆
- 巧達乳酪 60g
- 蘋果 1/2 顆（約 125g）
- 西芹 1 支
- 蛋液 1 顆
- 黃芥末醬 5g
- 鹽、胡椒適量
- 山藥泥 20g
- 橄欖油適量
- 生菜 4 片
- 番茄片 4 片
- 漢堡麵包 2 個

作法

❶ 蘋果及西芹切小丁；紅洋蔥切碎並用少許奶油炒香備用；巧達乳酪切小丁。
❷ 將牛絞肉放入鋼盆中，依序加入巧達乳酪、西芹、蘋果、紅洋蔥碎、蛋液及山藥泥混和均勻，並用黃芥末醬及鹽、胡椒調味。
❸ 整形成 4 顆圓形漢堡，用橄欖油煎至兩面上色，放入 180°C 烤箱烤 12 分鐘，至熟。
❹ 將牛肉漢堡排盤，用生菜及番茄片裝飾，及附上漢堡麵包即可。

毛小孩食譜

材料

- 牛後腿絞肉 350g
- 巧達乳酪 30g
- 蘋果 1/2 顆（約 125g）
- 西芹 1 支
- 水煮蛋 1 顆
- 山藥泥 20g
- 橄欖油適量
- 水煮青花菜 2 小朵
- 白飯 60g

作法

❶ 蘋果切 2 片剩下切小丁；西芹切小丁；巧達乳酪切小丁。
❷ 將牛絞肉放入鋼盆中，依序加入巧達乳酪、西芹、蘋果及山藥泥，混和均勻。
❸ 整形成 4 顆圓形漢堡，用橄欖油煎至兩面上色，放入烤箱以 180°C 烤 12 分鐘，至熟。
❹ 將牛肉漢堡排盤，用水煮蛋、蘋果片及青花菜裝飾，最後附上白飯即可。

蘇格蘭羊肉
燴時蔬

有利於排毒或對腎臟有益的食物。

主食肉類：雞胸肉、魚肉、牛肉、羊肉
蔬果類：青椒、胡蘿蔔、豌豆、菠菜、蔥韭外的深綠色蔬菜
五穀根莖類：山藥、米飯
蛋

材料

- 羊腿肉 500g
- 大薏仁 30g
- 西芹 3 支
- 紅蘿蔔 250g
- 紫山藥 150g
- 蘋果汁 100cc
- 雞高湯 200cc
- 百里香 5g
- 豌豆仁 30g
- 橄欖油 20g
- 洋蔥切碎 50g
- 蘋果啤酒 100cc
- 鹽、胡椒適量

作法

❶ 羊腿肉切 3 公分塊狀備用；西芹、紅蘿蔔切小塊，豌豆仁燙煮備用，紫山藥切小塊；洋蔥碎炒香備用。
❷ 大薏仁泡水 30 分鐘，後以小火水煮約 10 分鐘。
❸ 用橄欖油小火炒香西芹及紅蘿蔔，約 5 分鐘後加入羊肉塊拌炒均勻。
❹ 再加入蘋果汁、雞高湯、百里香、大薏仁以大火煮滾後，轉小火加蓋燜煮 30 分鐘，再加入紫山藥燜煮 30 分鐘，再加入蘋果啤酒及洋蔥碎燜煮 1 5 分鐘即可。
❺ 燴羊肉用鹽及胡椒調味上盤，最後放上豌豆仁裝飾即可。

毛小孩食譜

材料

- 羊腿肉 500g
- 大薏仁 30g
- 西芹 3 支
- 紅蘿蔔 250g
- 紫山藥 80g
- 蘋果汁 100cc
- 雞高湯 200cc
- 百里香 5g
- 豌豆仁 30g
- 橄欖油 20g

作法

❶ 羊腿肉切 3 公分塊狀備用；西芹、紅蘿蔔切小塊，豌豆仁燙煮備用，紫山藥切小塊。
❷ 大薏仁泡水 30 分鐘，後以小火水煮約 10 分鐘。
❸ 用橄欖油小火炒香西芹及紅蘿蔔，約 5 分鐘後加入羊肉塊拌炒均勻。
❹ 再加入蘋果汁、雞高湯、百里香、大薏仁以大火煮滾後，轉小火加蓋燜煮 30 分鐘，再加入紫山藥煮 30 分鐘即可。
❺ 燴羊肉上盤後再用豌豆仁裝飾即可。

雞肉慕絲附法國麵包

有利於生殖系統、免疫系統，可以降火氣的食物。

主食肉類：雞肉、牛肉、魚肉
蔬果類：紅蘿蔔、番茄、蘋果、菠菜、蔥韭外的深綠色蔬菜
五穀根莖類：地瓜、米飯、南瓜
蛋、肝臟（少量）、奶（少量）

材料
- 雞胸肉 1 片
- 百里香 3g
- 西芹 20g
- 洋蔥 30g
- 奶油適量
- 牛奶 200cc
- 橄欖油適量
- 法國麵包半條
- 鹽、白胡椒適量
- 水煮蛋 1 顆
- 青花菜 2 小朵

作法
❶ 雞胸肉切塊，洋蔥切塊，西芹切塊，法國麵包切薄片；水煮蛋切片；青花菜燙熟。
❷ 雞胸肉、洋蔥、西芹、百里香與牛奶一起燉煮至熟即可。
❸ 法國麵包淋上橄欖油送入烤箱 120℃烘烤至脆片。
❹ 將作法 2 所有材料、奶油一起放入食物調理機打勻並調味成雞肉幕絲。
❺ 將雞肉幕斯上盤附上法國麵包及蛋片即可。

毛小孩食譜

材料
- 雞胸肉 1 片
- 西芹 20g
- 牛奶 80cc
- 法國麵包半條
- 水煮蛋 1 顆
- 青花菜 2 小朵

作法
❶ 雞胸肉切塊，西芹切塊，水煮蛋切片，法國麵包切薄片，青花菜燙熟。
❷ 雞胸肉、西芹與牛奶一起燉煮至熟。
❸ 法國麵包入烤箱以 150℃烘烤至脆片。
❹ 將作法 2 所有材料一起放入食物調理機打勻成雞肉泥慕絲。
❺ 將雞肉慕絲上盤，附上法國麵包、青花菜及蛋片即可。

西班牙番茄肉丸附奶油飯

好消化、不要太難咀嚼、對肝好的食物。

主食肉類：雞肉、牛肉、魚肉
蔬果類：紅蘿蔔、梨子（少量）、番茄、蘋果、菠菜、非蔥外的深綠色蔬菜
五穀根莖類：米飯、地瓜
蛋、肝臟（少量）、乳製品、魚油

材料
- 牛後腿（絞肉）450g
- 百里香 1 小匙
- 西芹 50g
- 起司粉 2 大匙
- 青蔥切碎 3 支
- 蒜頭切碎 2 顆
- 鹽 10g
- 白胡椒 3g
- 橄欖油 1 大匙
- 去皮番茄 250g
- 牛紅番茄 2 顆
- 洋蔥碎 1 大匙
- 紅酒 2 大匙
- 糖 1/2 小匙
- 迷迭香 1 小匙
- 長米洗淨 250g
- 奶油 30g
- 雞高湯 200cc
- 月桂葉 1 片
- 青花菜 100g
- 紅蘿蔔 80g
- 黑胡椒粉 3g

作法
❶ 西芹切碎炒香備用；去皮番茄及牛紅番茄切小丁備用。
❷ 將牛絞肉拌入百里香、西芹、起司粉、青蔥及蒜頭攪拌均勻，並用鹽、胡椒調味，整形成直徑 3 公分的肉丸。用少許橄欖油，將肉丸煎上色。
❸ 將番茄丁及洋蔥碎拌炒上色，加入去皮番茄、糖及迷迭香，小火煮 5 分鐘後，加入肉丸及紅酒再燜煮 45 分鐘即可。
❹ 將長米、奶油、雞高湯及月桂葉，放置電子鍋煮熟即可。
❺ 燙煮青花菜及紅蘿蔔備用。
❻ 將番茄肉丸上盤，附上青花菜及紅蘿蔔，撒上黑胡椒裝飾，並附上奶油飯即可。

毛小孩食譜

材料
- 牛後腿（絞肉）450g
- 百里香 1 小匙
- 西芹 50g
- 起司粉 2 大匙
- 橄欖油 1 大匙
- 去皮番茄 250g
- 牛紅番茄 2 顆
- 迷迭香 1 小匙
- 長米洗淨 150g
- 奶油 30g
- 雞高湯 150cc
- 月桂葉 1 片
- 青花菜 100g
- 紅蘿蔔 80g

作法
❶ 西芹切碎炒香備用；去皮番茄及牛紅番茄切小丁備用。
❷ 將牛絞肉拌入百里香、西芹、起司粉攪拌均勻，整形成直徑 3 公分的肉丸。
❸ 用少許橄欖油將肉丸煎上色。將番茄丁拌炒上色，加入去皮番茄及迷迭香，小火煮 5 分鐘後，加入肉丸，再燜煮 25 分鐘即可。
❹ 將長米、奶油、雞高湯及月桂葉，放置電子鍋煮熟即可。
❺ 燙煮青花菜及紅蘿蔔備用。最後附上奶油飯即可。

香煎鮪魚排佐甜椒醬
附菠菜優格地瓜泥

對骨頭有益的食物。

主食肉類：雞肉、牛肉、魚肉
蔬果類：白蘿蔔、高麗菜、菠菜、蔥韭外的深綠色蔬菜
五穀根莖類：米飯、地瓜
蛋、優格（少量）、乳製品（少量）

材料

- 紅甜椒 1 顆
- 黃甜椒 1/4 顆
- 青椒 1/4 顆
- 核桃碎 50g
- 黑橄欖切碎 6 顆
- 蒜頭切碎 1 顆
- 橄欖油 3 大匙
- 鮪魚排 160g
- 麵粉 10g
- 無糖優格 80g
- 水煮地瓜 150g
- 菠菜葉 50g
- 檸檬汁 10cc
- 黑胡椒碎 20g
- 鹽、胡椒適量

作法

❶ 黃甜椒及青椒切小丁備用；燙煮菠菜葉切絲。
❷ 將紅甜椒入烤箱至上色，去皮後將 1/4 顆切小丁，其他 3/4 顆放入果汁機加入 1 大匙橄欖油打成泥，依序拌入紅椒丁、黃椒丁、青椒丁、核桃碎、黑橄欖、蒜頭及鹽、胡椒調味。
❸ 將熱地瓜壓成泥，拌入無糖優格及菠菜絲，並用檸檬汁及鹽、胡椒調味。
❹ 將鮪魚排用鹽、胡椒調味後，沾上黑胡椒碎，放入平底鍋，用橄欖油煎至表面上色，切片備用。
❺ 最後將鮪魚排上盤，附上菠菜優格地瓜泥及甜椒醬裝飾即可。

毛小孩食譜

材料

- 紅甜椒 1 顆
- 黃甜椒 1/4 顆
- 青椒 1/4 顆
- 橄欖油 3 大匙
- 鮪魚排 160g
- 麵粉 10g
- 無糖優格 80g
- 地瓜水煮 150g
- 菠菜葉 50g

作法

❶ 黃甜椒及青椒切小丁備用；燙煮菠菜葉切絲。
❷ 將紅甜椒入烤箱烤至上色，去皮後將 1/4 顆切小丁，其他 3/4 顆放入果汁機加入 1 大匙橄欖油打成泥，再拌入紅椒丁、黃椒丁及青椒丁。
❸ 將熱地瓜壓成泥，拌入無糖優格及菠菜絲。
❹ 將鮪魚平均切片約 1 公分厚片，沾上麵粉，放入平底鍋，以橄欖油煎至熟。
❺ 最後將鮪魚排上盤，附上菠菜優格地瓜泥及甜椒醬裝飾即可。

慢燉雞胸佐馬鈴薯泥

對腦神經、循環系統有益的食物。

主食肉類：雞肉、牛肉、魚肉
蔬果類：高麗菜、紅蘿蔔、菠菜、蔥韭外的深綠色蔬菜
五穀根莖類：南瓜、小麥胚芽、米飯
蛋、海帶、肝臟（少量）

毛爸媽食譜

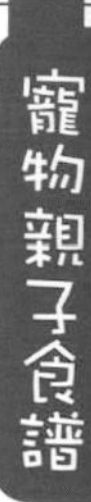

材料

- 雞胸肉 1 片
- 紅蘿蔔 20g
- 西芹 20g
- 月桂葉 1 片
- 小番茄 10g
- 番茄糊 20g
- 雞高湯 500cc
- 馬鈴薯 1 顆
- 蛋黃 1 顆
- 牛奶 100cc
- 白酒 100cc
- 鹽適量
- 白胡椒適量

作法

❶ 雞胸肉切塊；紅蘿蔔切塊，西芹切塊，馬鈴薯去皮切塊，小番茄對切。
❷ 雞胸肉、紅蘿蔔、西芹、小番茄拌炒後加番茄糊與高湯、月桂葉、白酒一起燉煮至熟，加入鹽、胡椒調味即可。
❸ 馬鈴薯去皮用電鍋蒸熟後搗成泥狀，拌入牛奶及蛋黃並調味。
❹ 上盤慢燉雞胸肉，附上馬鈴薯泥即可。

毛小孩食譜

材料

- 雞胸肉 1 片
- 紅蘿蔔 20g
- 西芹 20g
- 小番茄 10g
- 月桂葉 1 片
- 雞高湯 500cc
- 番茄糊 20g
- 馬鈴薯 1 顆
- 牛奶 60cc

作法

❶ 雞胸肉切塊；紅蘿蔔切塊，西芹切塊，馬鈴薯去皮切塊，小番茄對切。
❷ 雞胸肉、紅蘿蔔、西芹、小番茄拌炒後加番茄糊與高湯及月桂葉一起燉煮至熟即可。
❸ 馬鈴薯用電鍋蒸熟後搗成泥狀，加入牛奶拌勻。
❹ 上盤慢燉雞胸肉，附上馬鈴薯泥即可。

燉燒牛腩附南瓜泥

對身體比較補的肉類，含有鐵質、對血液品質好的食物。

主食肉類：雞肉、牛肉、魚肉、羊肉
蔬果類：蘋果、高麗菜、菠菜、黃瓜、蔥韭外的深綠色蔬菜
五穀根莖類：地瓜、南瓜、米飯
蛋、乳製品（少量）、海藻

毛爸媽食譜

寵物親子食譜

材料

- 牛腩 450g
- 紅蘿蔔 50g
- 西芹 20g
- 小番茄 30g
- 紅酒 150cc
- 水 600cc
- 番茄糊 30g
- 月桂葉 1 片
- 百里香 5g
- 南瓜 100g
- 高湯 100cc
- 牛奶 80cc
- 鹽適量
- 胡椒適量

作法

❶ 牛腩切塊；紅蘿蔔切塊，西芹切塊，小番茄對切，南瓜切片。
❷ 牛腩與紅蘿蔔、西芹、小番茄一起拌炒，加入水與番茄糊燉煮 1 小時，燉至熟嫩加入紅酒濃縮，並以鹽、胡椒調味。
❸ 南瓜用電鍋蒸熟後壓成泥，加入牛奶攪拌均勻並調味。
❹ 將燉燒牛腩上盤，附上南瓜泥即可。

毛小孩食譜

材料

- 牛腩 450g
- 紅蘿蔔 50g
- 西芹 20g
- 小番茄 30g
- 水 600cc
- 番茄糊 30g
- 月桂葉 1 片
- 百里香 5g
- 南瓜 100g
- 高湯 150cc
- 牛奶 60cc

作法

❶ 牛腩切塊；紅蘿蔔切塊，西芹切塊，小番茄對切，南瓜切片。
❷ 牛腩與紅蘿蔔、西芹，小番茄一起拌炒，加入水與番茄糊燉煮 1 小時，燉至熟嫩調味。
❸ 南瓜用電鍋蒸熟後壓成泥，加入牛奶攪拌均勻並調味。
❹ 將燉燒牛腩上盤，附上南瓜泥即可。

聽毛小孩説説話，關於寵物溝通

如果要說寵物溝通，其實我更喜歡說「動物溝通」，溝通是靈魂與靈魂的對談，不是只是與貓咪、狗狗溝通，所有神靈、動物、植物、爬蟲類、昆蟲、大自然都可以對談，一個靈魂有自己獨特的頻率與磁場，這也是我用來分辨現在正在與誰在說話的方式。而人可能有千秋萬世，動物也會有不同的生命體驗，同一個靈魂在每一世肉體呈現的形貌都不相同。累世我們都有功課，也許重複的主題，也許是新的課題，有一些比較特別的人，他們給自己的功課是下來體驗動物的生活，所以我的個案裡面，有許多毛爸媽都會覺得自己的毛小孩很像人類，也許你的感覺是對的，因為並不是肉體是狗，靈魂就會是狗，我遇過的狗狗，有些是人類的靈魂，有些則是其他動物，當然也有狗狗的。在溝通的過程中總是會遇到很多事情及情緒，我是很真性情的人，很容易感染到毛爸媽與毛小孩的情緒，這時我會選擇釋放，告訴對方，也常常發生自己一邊哭一邊打字溝通，手機螢幕都濕濕的，還得擦乾才能繼續的狀況。而每個毛小孩都有自己的想法，雖然會抱怨，但幾乎都很愛牠們的毛爸媽。

DiDi 是一個很特別的孩子，他就是那些將自己功課作為來體驗寵物的生活的人類之一，他的靈魂是一個非常愛漂亮的小男孩，有著棕金色的頭髮、白晰的皮膚，穿著吊帶短褲，他的肉體因為反覆胰臟炎所苦，使他的姐姐（DiDi 叫他姐姐）非常心疼，於是我問 DiDi：「你為什麼不願意好起來？」「我活得太久了！我不喜歡現在這樣。」DiDi 說，他本來的體驗裡，並沒有打算活那麼長，他認為自己已經享受過與家人開心的時刻，現在身體老了又有病痛，他既無法在陽光下奔跑，也不能吃自己愛吃的東西，他不喜歡這樣，但又捨不得他的姐姐。因為姐姐很希望他康復，繼續陪著她。整個溝通過程，DiDi 小朋友都非常可愛帥氣，完全沒有任何病懨懨的樣子，但他希望姐姐不要再把他當病人，好好把動物溝通學好，多跟他說話，並可以試著發展寵物鮮食。

在溝通結束前，DiDi 告訴我們：「學習放下，都是你們要學的課題！」。我內心一震，苦笑了一下，我的確無法想像沒有曼斗的日子。也許每個毛小孩的來到，也是毛爸媽們要體驗的各種不同的功課吧！

我們是怎麼看待寵物溝通的？DiDi 溝通分享實錄

克菓子老闆娘 DiDi 的姐姐

我好好的，是因爲我愛你。

DiDi，因為一個不注意不小心，貪吃的跑去舔食那裝著生雞肉的塑膠袋。胰臟炎，復發了...... 又開始一連串的治療過程，打皮下點滴、靜脈點滴、強迫進食、強迫喝水...... 體重從原本的 3.1 直線下降到 2.6，剩下骨頭的 DiDi，這次顯得特別沒精神，經過兩個禮拜的治療，雖然看似有好轉，但 DiDi 始終不願意自己吃東西，有氣無力的樣子，真的讓我很心疼。能試的，我一定會試！只要能讓 DiDi 好起來，什麼方法我都試！最後，我們決定再次找動物溝通幫助我們。這次我找了我最信任的學妹 Grace，他看到的 DiDi 是一個很可愛的外國小男孩，非常漂亮。

我問：「DiDi 一直不舒服的原因是什麼？」「DiDi 說他活太久了，想回去，覺得人世間的體驗已經夠了」。這是我意想不到的答案，而這句話也讓我徹底崩潰。十年來的畫面快速出現在我腦中，難道就要這樣離開我嗎？牠告訴我，因為我們的依戀，所以他捨不得離開。牠說：「我好好的，是因為希望妳們能夠學習，該怎麼樣放下、瀟灑，對於自己喜歡、在意的，不要自虐，不要受制於情緒，我來是為了把開心快樂帶給你們，你們對我捨不得放不下，其實我也走不了，得一直吃不愛吃的東西，不能好好玩，不要把我當成病人」。又說：「可不可以享受在一起的時光，不要把我當病人？」

沒錯，每一個親愛的毛小孩，不是因為一時好玩、不是因為一時的孤單寂寞而必須來到你身邊，牠們每一個天使般的靈魂，都是帶著重要的使命來到你身邊，陪伴你面對每一個喜怒哀樂的時刻。牠們永遠是最快樂最純真的靈魂。

DiDi 跟我聊了很久很久的時間，還告訴我這一切都是自然現象，要我好好面對。我問牠有沒有想對我說什麼？牠說：「我愛你」。只是短短的三個字。你是牠的全部、牠心思比誰都細膩，會因為我的難過，而牠也難過。牠知道我常常哭，希望我不要再哭，能夠快樂。DiDi 說：「好喜歡跟妳玩追逐，可以帶我出去走走」。我回答：「但你還是要乖乖把剩下的藥吃完」（他超討厭吃藥欸，Grace 說）。DiDi 又說:「吃完可以帶我出去玩嗎？」「走不動的話可以用推車推我嗎？」我說：「你想要的，我都給你」。

是的，牠們渴望我們能夠帶著他們去看看外面、陪陪牠們，而不是因為義務而帶牠們散步、玩耍。即使牠們有一天老了，走不動了，也會希望我們能夠帶著牠繼續看這世界。

DiDi 一直說著：「謝謝你們收留我，謝謝姊姊把我帶到你身邊。」DiDi 一直鼓勵我，要我增加信心，還要我往動物溝通走，甚至知道我會做甜點，還要我發展狗狗鮮食、甜點當副業，這些，我相信都不是捏造出來的。牠們是這樣用生命來愛我們，就算生病再痛苦也要堅強地對我們搖尾巴。DiDi 對於我們給予的充滿感謝及感恩。曾幾何時，我們也這樣感謝牠們？DiDi 說：「能夠這樣跟你講話，我很開心，不然我要悶死了」。每一天我都會跟 DiDi 說很久的話，就算有人認為這樣的舉動很好笑也很幼稚。這是我堅持的事，因為這是我愛牠的方式。

因為你，所以牠好好的。因為愛你，所以牠比誰都希望你快樂。DiDi 不是我的寵物，而是我的家人，我們的心，更緊密了。溝通完，DiDi 奇蹟似得好像痊癒了，開始大口吃飯、喝水、有精神的搖尾巴，我自己都嚇一跳了！謝謝 Grace 當我們的橋樑，讓我能夠懂 DiDi 的想法。

阿皮、阿尼、菲比的溝通分享實錄

彩妝師 Sammi Hsiao

會認識Grace，是因緣際會之下透過朋友介紹的。

剛開始與Grace還沒見面，只加了LINE先聊天熟悉一下，她透過照片馬上說出家裡兩隻狗的相處情況，讓我覺得好神奇！

那時家裡來了位新成員，之前就有過寵物溝通經驗的我，實在很想知道新來的小貓在想些什麼，與Grace聊天的感覺讓我感覺她是一位非常有耐心的溝通師，於是馬上跟她約好時間到家裡來溝通。溝通的過程十分順利，Grace非常親切的跟家裡三隻毛孩一邊聊天、一邊幫我翻譯問題，解答了我心中很多的疑惑，也給我很多解決行為問題的方法，是一次非常好的溝通經驗！

與Grace雖初次見面，但她給我很大的安全感，本人看起來年紀很輕、沒有任何心機，但心思非常細膩，也很有耐心，我覺得這是一個寵物溝通師必備的條件喔！非常恭喜Grace出書了！也很高興我有這個榮幸為她寫推薦文。透過這本對毛孩星座解析的書，一定會讓各位毛爸媽更瞭解自己的毛小孩喔！

一切的根源都是「愛」，
關於愛的黛芙妮宇宙學校

出到愛的黛芙妮宇宙學校系列 2，也想讓大家知道，愛的黛芙妮宇宙學校究竟是在做些什麼。在現今的社會，接觸身心靈的人越來越多，很多人會開始想知道自己來地球的任務與功課？會有一種想去做些什麼的感覺，對某些國家、文化也會覺得似曾相識。想知道自己是不是有什麼能力可以讓地球變得更好？而不是只是日常的吃喝玩樂與工作，過著一天又一天重複的生活。

愛的黛芙妮宇宙學校的領航長，周芝佑老師，我們都叫她「神咪」，擁有一把開啟人心的金鑰匙，她善於幫助人們尋找自己的生命藍圖與方向，明白自己究竟為何來地球，瞭解累世的生命課題與潛力，她說：「很多能力，都是人們原本就有的，只我們都忘記了！」而她所做的，就只是讓大家憶起自己曾經擁有的能力。神咪希望每個人的心態，都是以愛、利人利己為出發點，想讓來愛的黛芙妮宇宙學校的每個人，不只是充電，還可以一起做善事，所以我們都會將每次能量交換費用的 10% 當作要捐助的善款，並每 45 天捐出一次。

愛的黛芙妮宇宙學校有什麼項目呢？

- ✦ 深度占星
- ✦ 大六壬古老神算
- ✦ 前世今生藍圖&潛能尋找
- ✦ 前世今生神人合一星盤
- ✦ 雙人占星合盤
- ✦ 新生兒命名
- ✦ 公司行號命名
- ✦ 改名
- ✦ 流年整體運勢
- ✦ 整體流年＋超精準扣扳機日期
- ✦ 前世今生催眠探索
- ✦ 宇宙同步靈應解析
- ✦ 塔羅占卜
- ✦ 前世今生靈應占卜
- ✦ 放鬆因缽療程
- ✦ 全身紓壓音缽療程
- ✦ 寵物雙向靈應溝通
- ✦ Henna 手繪祝福

當然也有許多課程、團體活動及工作坊，可以上我們的粉專去看看唷！

FB 搜尋：愛的黛芙妮心靈宇宙學校

Life Style 03

毛小孩這樣想

國家圖書館出版品預行編目 (CIP) 資料

毛小孩這樣想 / 張芳瑜著 . -- 一版 . -- 新北市 : 優品文化事業有限公司 , 2021.08 272 面 ; 15x21 公分 . -- (Life style ; 3)

ISBN 978-986-5481-13-1(平裝)

1. 寵物飼養 2. 犬 3. 星座

437.354 110012539

作　　者　張芳瑜

總 編 輯　薛永年

美術總監　馬慧琪

文字編輯　蔡欣容

出 版 者　優品文化事業有限公司

電話：(02)8521-2523

傳真：(02)8521-6206

Email：8521service@gmail.com

（如有任何疑問請聯絡此信箱洽詢）

業務副總　林啟瑞 0988-558-575

總 經 銷　大和書報圖書股份有限公司

新北市新莊區五工五路 2 號

電話：(02)8900-2588

傳真：(02)2299-7900

網路書店　www.books.com.tw 博客來網路書店

出版日期　2021 年 8 月

版　　次　一版一刷

定　　價　250 元

Printed in Taiwan